U0813858

成都时代出版社

秀秀 编著

最品位 最优雅 OL服饰搭配×手典

OL Clothes Matching Handbook

搭配

——着装艺术的王道

COORDINATION

工作、约会、Party、晚宴……丰富的生活、多样的场合，你还以为日复一日依靠一身素色套装就能场场通关吗?

打开衣橱，满满的全是衣服，可是为什么怎么搭配都不好看呢?

同事几十块钱淘来的小衫一样别致出众，而你狠下心、咬咬牙花上千元买来的高档货却依然穿不出model的范儿。

衣服的颜色、样式那么多，一种妆容怎能百搭?

也许你从来没有尝试过，同样一套衣服，换双鞋，配双袜，就会穿出另一番风味!

上装、下装、鞋子，是不是怎么看都觉得单调了点，想要出彩还不简单？善用配饰，一条丝巾、一根腰带都能成为你着装的点睛之笔。

逛街都快要逛花眼，漂亮的衣服那么多，到底哪一款才是最适合我的Style?

……

身为OL的你，是不是常常被这些问题困扰而又找不到出路？Take it easy！现在我们有最专业的造型师、时尚达人、服饰专家联手做你的私人形象顾问，带你了解服饰搭配的基本原则和技巧；掌握不同职业、不同场合、不同季节的服装搭配要点；从让人眼花缭乱的服装中挑出最适合你的那一款；用配饰和妆容为你的着装锦上添花；领悟巧搭速成的高深功力……千万时尚丽人总结得来的实战经验、经典又易学的实用案例、详细的技术手法解析，为你提供最全面的服饰指南。

从今天开始，变身一位玩转百变服装的Fashion派OL丽人!

PART 1

PART 2

PART 3

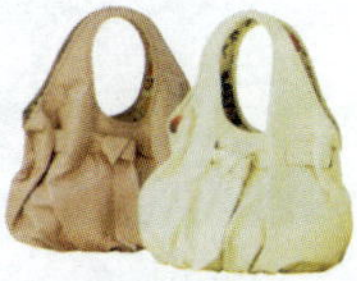

PART 4

PART 5

BASIC KNOWLEDGE OF CLOTHES

必备服装基础知识 part 1 & 人气着装实例

多姿多彩的服装是由不同款型、色彩、面料构成的，或繁杂或简约，或张扬或低调，或轻盈或厚重。在OL的服装搭配辞典里，并不需要有千百套的服装，但一定要有千百个必备的服装知识点。只有灵活掌握这些必备服装基础知识，才能做一个玩转服装的Fashion派时装丽人。

WHICH KINDS OF CLOTHES SUIT YOU

测测你适合哪种**服饰搭配**

TEST 测试

作为一个时尚的OL，如果装扮适合自己的个性、职业，魅力指数一定会极速攀升。把个人的喜好和外形条件作为第一参考因素，找准专属于你的服饰，我们相信无论是在办公室还是在户外，你都将成为一道最为独特的靓丽风景。下面先来测试下你适合哪种风格的服装搭配吧。

1 你的脸型比较接近哪一种？
A 圆型或瓜子型 →往03题
B 方型或长条型 →往02题

2 你嘴唇的颜色是哪一种？
A 偏无色或淡淡的粉红色 →往06题
B 偏红色或柔和的桃红色 →往05题

3 和深红比起来，你是否比较喜欢有点淡淡的粉红色？
A 是 →往07题
B 不是 →往04题

4 银色饰品和金色饰品中，你是否比较喜欢金色的饰品？
A 是 →往08题
B 不是 →往05题

5 眼珠的颜色是哪一种？
A 黑色或深咖啡色 →往09题
B 带点绿色的黑或浅咖啡色 →往08题

6 你是否不常被人说比实际年龄成熟，反而常被人说和年龄相仿或是更小？
A 是 →往05题
B 不是 →往10题

7 比起夏天的衣服，你是否比较喜欢冬天的衣服？
A 是 →往08题
B 不是 →往11题

8 你比较适合短发还是长发？
A 短发 →往09题
B 长发 →往12题

9 你是否一晒太阳脸不会变红，而会马上变黑？
A 是 →往10题
B 不是 →往13题

10 你哪一种衣服比较多？
A 衬衫 →往14题
B 针织毛衣 →往13题

11 天气一变冷，你的脸是否变红？
A 是 →往15题
B 不是 →往12题

12 仔细一看你的头发，是否好像有点带咖啡色？
A 是 →往16题
B 不是 →往15题

13 是否常有人说你适合黑色衣服，或是你很喜欢所以常常穿？
A 是 →往17题
B 不是 →往12题

14 你的五官是属于哪一种？
A 很有女孩味、温柔的脸 →往13题
B 像小男孩般、很有个性的脸 →往18题

15 你认为你的个性比较属于哪一种？
A 开朗活泼 →A型的人
B 成熟稳重 →往16题

16 脸颊的颜色是哪一种？
A 没有什么颜色 →B型的人
B 平常就是粉红色 →往17题

17 你的腿型接近哪一种？
A 修长而笔直的长腿 →C型的人
B 略粗的双腿 →往18题

18 你比较喜欢以下哪种打扮？
A 中性化的打扮 →D型的人
B 充满女人味的打扮 →C型的人

测试结果

A型 适合可爱的装扮

你给人的印象是非常开朗活泼，所以比较适合充满朝气的打扮，像粉色系的衣服或缀有蕾丝花边的可爱洋装。如果再配上一双大头娃娃鞋，会更出色。大多数的A型人看起来都很年轻，所以即使年纪大一些也很适合可爱的装扮！

B型 适合充满女人味的装扮

你给人的感觉是气质高雅、女人味十足，是不是有很多年轻的女孩都很仰慕你呢？剪裁合身、能展现曼妙曲线的服装或套装都相当适合你。

C型 适合成熟稳重的高雅装扮

这类型的人大多拥有如丝缎般光滑的美丽肌肤，搭配较为柔软的衣料，类似丝质或绸缎为主的服装，鞋子则以高跟鞋为主，能将肤色衬托得更美。不妨就从现在开始改变吧！

D型 合适酷酷的帅气装扮

对于脸色略为白皙透明的你来说，最适合俊朗帅气的打扮了。因此，像比较中性化的西装套装，或是衬衫配领带的造型，再搭配一双酷劲十足的小牛皮马靴，一定会给人眼前一亮的感觉。

6 BASIC STYLES CURRENTLY IN FAVOR

1. 服饰搭配6大基本原则

■ 女人的形体、气质、服装、佩饰等是各自独立的部分，独立时可能是美的，合为一体时可能又是不美的，这便产生了一门新的学问——形象设计。形象设计讲的是如何将这些独立的部分整合，构成新的特定形象。服饰搭配则是这门学问中最为重要的一部分，是形象设计的灵魂。

搭配的服饰要有品位

选对自己的服装仅仅是着装的第一步，搭配不好或认为饰品可有可无的人是没有品位可言的。着装有三个层次，也可以说是有三层境界。第一层次是和谐，第二层次是美感，第三层次是个性。每一层次仅仅靠服装本身几乎是无法完成的，越高的层次和境界越需要借用搭配来完成。搭配通常有三个方面：一是服装与服装间的搭配，比如上装与下装，内装与外装等；二是饰品与服装的搭配；三是服装、饰品与人体的搭配。

服饰搭配强调的是整体视觉效果，也就是注意着装的整体外型。整体感搭配的要点是，如果要表现权威感，应选择线条感强，外型挺直、平整的服装；如果要表现妩媚感，应选择曲线丰富、外型柔美的服装。

通常来说，上下装的服饰宜采用同面料或同质感的服饰，这种搭配易于掌握。但它的缺点是不够个性化，有时显得单调，因此也可适当地采用不同面料，以对比手法创造丰富搭配效果，如粗细织物对比、硬软织物搭配等。

▶黑白配是永恒经典的通勤色。为了令七分袖短款夹克呈现出干练印象，内衫要选择不会从夹克领口露出的款式。

色彩的重要性远远大于款式和面料

服装的色彩美感有两个方面。一是服装本身所有的，即面料本身的色彩；二是服装搭配的色彩。前者是设计师设计的，后者一般是由自己完成的。

服装色彩首先要与肤色协调。为什么有些颜色的衣服穿起来看上去很明媚、健康，而有些看起来颜色很漂亮的衣服，穿在身上却总觉得不对劲？每个人都具有自己的自然色彩，如肤色、发色、眼球色等，即使同是黄皮肤、黑头发、黑眼睛的亚洲人，仔细观察也会发现每个人的肤色调子是不一样的。这称为“身体色”。

通常，我们把身体色与服装颜色分成冷暖两个色调。冷色调的人身体色以蓝为主调，皮肤多呈现粉红，蓝青、黯紫红、灰褐色。暖色调的人身体色以黄为主调，皮肤多呈现象牙色、金黄色、褐色、金褐色。人的身体色的倾向决定了穿衣用色的冷暖色调。当然，也有少部分人的身体色的冷暖色调区别不明显，属于混合型，这种人群多可以适合冷暖双色调。

区别颜色的冷暖，主要看它的主色调中是带黄色倾向，还是带蓝色倾向，前者为暖色，后者为冷色。

◀鲜亮的橘色增添少女般的明媚与灿烂。搭配白色休闲皮鞋，更显活泼。

◀针织连衣裙的腰带与短小的夹克为近似色，鞋也选用黑色，为职场新手增添职业感。白色提包用以平衡整体搭配。

▶深浅层次的蓝色配合成熟的卡其色，立刻有了整洁感和干练感。

◀黑白纹结合的裙装也与黑色上装一动一静，达成协调，令视感恰到好处。

◀中间色的搭配缺乏清晰感，加入红色进行扩张非常重要。金色包饰突出个性，这样才不会千人一面。

视觉平衡能带给别人更好的感觉

视觉平衡是指感觉上的大小、轻重、明暗以及质感的均衡状态。当人们看到平衡的物体时，能产生安全感和平稳感，视觉上会很舒服，相反则会有紧张、压抑感。例如，有的人觉得比较胖，喜欢穿盖过臀部的中长大衣，配大约到小腿中部的裙子，以为可以掩饰体型的不足，但这种穿法打破了视觉平衡，显得非常沉重。相反，如果将衣服下摆向上提一点，大约在臀上部，也就是臀围最小的部位，再配一条及膝裙，就会显得比较平衡。

单色穿着是最为简单易行的法则

想快速提升着装水平的人，单色穿着是最容易掌握的。单色很容易搭配，具有垂直感，可拉长身高，造成挺拔的美感。不过，单色穿着一定要变化质感或明度，才能避免单调和沉闷。

◀近似色的组合需要用华贵色调的配饰来提升整体搭配的品质感，腰带适选用与上装、鞋一致的色调。

◀红色漆皮凉鞋为素雅的衣装注入活力。银色包包的作用也不容小觑。

◀单色礼服如果想要穿出华美感，一定不能忽视配饰的选择。

◀别致的交叉绲边和小腰带让白色连衣裙的甜美度大增，搭配竹编包，玩味成熟感。

垂直线条塑造你修长的身段

垂直线会使人联想到旗杆等，给人修长、上升、权威的感觉。垂直线是上下走向，相比横线条显得长和窄。好的设计师通常会运用款式剪裁、设计细节、布料织法、外部轮廓等调整整体视觉。

◀因为上搭具有收缩感的黑色上衣，加上本身剪裁贴身，使略带下摆的A字裙也能带出直线条。

◀富有垂坠感的针织两件套与紧身牛仔裤搭配，展现高挑体态。

◀修身效果极佳的紧身T恤，配合垂直线条的长裤，让身材更显修长。

▶裤管处的开叉起到了意想不到的拉长视感的效果。

善用饰品，增添光彩

要想在着装上出彩，可有意识地营造视觉中心。它可以是一件非常独特的饰品，也可以是领部、肩部或腰部的别致结构，甚至可以是颜色。

视觉中心应位于最能表现自身优点的部位，例如，脖子很漂亮，就尽量围绕脖子做“文章”；胸很迷人，可以通过项链或领型将视线往胸部引导；腰非常纤细、柔美，可通过服装的腰部设计或腰部饰品来强调。要注意的是，视觉中心一般为一个，最多不能超过两个，否则会分散注意力，显得俗气而夸张。

略大的项链将视线上引，让美好的锁骨更具风情。硕大的耳环则让颈部更加迷人。

6 BASIC STYLES CURRENTLY IN FAVOR

2. 有款更有型
——服装的6种基本款型

■ 衬衫、T恤衫、吊带衫、裙装、裤装、外套……女人的服饰虽然千变万化，但怎么也离不开这几种最基本的款型。只有先深入了解了这些款型，才能搭配出更出彩的装扮。而且，服饰作为非语言沟通的媒介，在日常生活和人际交往中起着不可忽视的作用。女人们总是有意或无意地通过服饰向他人传达自己的个性和美丽。想做一个搭配自如、紧随潮流的完美女人，那就一定不能错过服饰达人们亲身示范的超人气实例展示！

衬衫 SHIRT

衬衫是服装中的百搭款，适合各个季节，不管里穿还是外穿都可以。它是OL平日里穿搭最为重要的单品之一，能与不同的下装和外套搭配，成就截然不同的风格。衬衣在任何年龄段都可以穿，帮助你轻松应付各种场合。而款式正式的衬衣，中性的质感透出职业女性的干练，初涉职场的新人也可以运用衬衣来『衬』出率性气质。

关键词

无领

◎无领衬衫一般适合在非正式场合穿着，最好扣上最上面的领扣。穿着的人，颈部不能过短，否则效果不好。另外，搭配的外套一定要有领。

▲ 纯棉质地和蕾丝花边洋溢着怀旧气息，大V领突出性感锁骨。

▲ 淡绿色带来清新的气息。小圆领和腰际的蝴蝶结提升小格子的甜美度。

▲ 捏褶设计是华美的写照。提高腰线可以掩饰不完美的腰部线条。

肩部的拼接设计是精致细节，胸前大大的蝴蝶结带来甜蜜感觉，衬衣上若隐若现的圆点呼应整体风格。颈部不要忘记加入项链作为点缀。

与简洁设计的束腰款军绿色针织衫搭配，修饰出完美的腰线。

白色上装配以格调清新的蓝色雪纺蛋糕裙，职业感呼之欲出。肘部的抽带设计令手臂看上去更加纤细。

略带蓬蓬袖的肩袖、褶皱、收紧袖口的设计，让手臂看上去更加纤细。纵向褶裥配合纵向线条，绝对瘦身。

关键词

短袖

◎短袖衬衣，造就衬衫的轻快感，个性的袖口设计，呈现出轻盈利落的时尚OL形象。

▲ 公主气质的罩衫，一定要搭配便于活动的裤装，并用手镯和鞋子丰富色彩。

▲ 五分袖条纹衬衫，胸前斜向设计的荷叶边和蕾丝边是重点。

▲ 鸡心袖令肩部线条更具美感，复古的双排扣设计凸显淡淡中性味。

◀ 袖口、领际的荷叶边，让甜美感大增，胸前的褶皱可以修饰不完美的胸形。

关键词

中长袖

◎中长袖是手腕纤细的 Office 丽人的首选。巧妙的细部处理和设计为中袖衬衣平添了几分女人味。

借鉴了T恤设计手法的衬衫，褶皱材质和半通透的视感充满女人味，通过腰带和黑色下装提升干练气质。

▲ 低腰款娃娃装适合娇小型的女性穿着。七分袖的褶皱设计可以完美展现纤细的手臂。

▲ 白色衬衫因波浪形褶边的加入而变得活泼起来。

胸部繁花如织凸显下半身的修长感，强化女性魅力的荷叶边与深色裤子相配，一柔一刚。

关键词

长袖

◎长袖衬衫具有时代感的线条，知性中带着几分优雅，活泼中又透出几分安静，最适合职场女性日常穿着。

▲ 传统型衬衫最宜搭配及膝袋袋裙，表现职场女性的干脆利落。

▲ 胸前重叠的荷叶边轻巧玲珑，袖口的碎褶边体现优秀雅女性韵味。

▲ 完美胸形的条纹走向，充分展示优美曲线，如果再配上与主调条纹同色系的小饰品，则更添完美。

▲ 作为职场首发阵容的白衬衫，胸前的褶裥让它跳出平庸。

▲ 白衬衣胸前的大荷叶边增添柔美度，搭配中裙可以给人强烈的职业感；搭A字裙则能穿出经典韵味。

▲ 淑女风格的衬衫是职场预科生的必备款，增加亲和度。

▲ 褶皱花边塑造出成熟的可爱女人，搭配修身款五分裤，洒脱利落。蟒纹腰带是焦点配饰。

T恤衫

T-SHIRT

T恤衫面料讲究，多用棉花和弹性纤维混纺，不仅穿起来舒适合体，还能勾勒出美好的身材。如今，T恤衫在OL丽人中大行其道，无论在办公室里还是派对上，都能看到它们的身影。T恤衫之所以受到白领丽人的青睐，是因为它轻便、随意、贴身但又不失性感。T恤衫也是必备的百搭款，可以与裙子、短裤、牛仔裤相伴，只要搭配得当，一件普普通通的T恤也能打造出个性十足的你。

垂坠感的胸针给素色T恤增添活力。银色大包和闪亮的手链为整体搭配加分。

关键词

无袖

◎有一种单品在盛夏拥有超高的人气，那就是永不过时又好搭好穿的无袖衫。无袖的设计能制造凉爽度，并有效提升性感指数。

▲ 腰部皱褶的立体感和收放自如的露肤度相得益彰。领口的丝带和袖口的设计形成完美呼应。

▲ 简洁的款式最百搭，胸前的纽扣避免单调感。

▲ 细节完美的削肩袖上装，颈部的条纹系带和腰部的装饰腰带是宣扬个性的最佳手段。

◀ 大领形产生的V字造型可以拉伸颈部和脸部的线条感，打造最流行的小脸美人。内搭白色抹胸，与下身的白色短裙形成呼应。

关键词

短袖

◎短袖T恤衫，凭借独特的裁剪和精致的装点，让你在低调中不乏个性。穿上短袖T恤，干练十足的你，一样可以掀起眼球热潮。

▲ 看似普通的红色Polo衫，将运动情绪带入通勤装扮中。

▲ 袖口、领际、胸前的双色镶边展现流行感，让平凡的深蓝色T恤变得时尚起来。

▲ 束腰设计、气球袖、胸前的褶裥、领际的小荷叶边，展示优雅大方。

▲ 抽边设计将温柔尽情展现，既性感又妩媚。

▲ 领口呈W形的立体褶皱设计，是透露性感的流行要素。

关键词

长袖

◎时尚休闲的长袖T恤带出浓浓的休闲感和流行风范，让走在潮流最尖端的你与摩登都市里的OL格调完美吻合，尽显独特韵味。

▲ 胸口交叉的褶皱让胸部看上去更丰满。

▲ 深V领是女性主义的招牌，条纹图案让你走在春季流行的前沿。

▲ 粉扑袖、后背的交叉设计是亮点，再加上鲜亮的色彩，彰显十足女人味。

▲ 甜美的粉色上装与卡其色裤装是最默契的搭档。

亨利领上装，适合单穿，也可作为外衫与不同吊带衫叠穿。

修身的款式刻画女明星般的优雅曲线，蛇皮腰带强调完美的腰线。

▲ 抽带设计为蓝色T恤增加了柔美度。

▲ 在洗练简洁的剪裁中加入蕾丝和褶裥，中和出特别的味道。

款式简洁的黑色长袖上装，收身效果最佳。长长的十字架项链是最佳点缀。

长袖条纹连帽衫让人感受轻松自如，搭配短款牛仔裤，更显休闲气息。

富有垂坠感的袖子给人轻盈的印象，大项链增添波希米亚气质。

关 键 词

韩版长款

◎个性的韩版长款T恤衫以简洁的款式、个性的图案、眩目的色彩以及多变的搭配穿法赢得了时尚OL的宠爱。无论搭配哪种款式的裙子和牛仔短裤，都能让你成为别人眼中的靓丽风景！

▲收紧的下摆和略微提升的腰线能够突出优美的身体曲线。

▲款式端庄的长款上装，略低的腰部设计让腰臀曲线更加完美。黑色大腰带凸显出职业感。

▲黑色条纹长款上装，制造清新的海洋风格，如果搭配同色裤装和黑色收边的竹编包，更添清爽。

▲鲜嫩的糖果色长T恤，肩部的抽带设计和下脚的图画是焦点，尝试搭配迷你裙，能够展示与众不同的品位。

▲素净的色彩因为三条黑色滚边而变得非常出众。

▲成锐角的V领能让圆脸看起来窄长。

▲袖口、下摆处层叠的荷叶边装扮感十足，配以七分裤，即成最佳组合。

灰色长T与蓝色衬衫叠穿，配合条纹领带，穿出帅气感。

水手风格的长款T恤，通过帽子、项链与条纹同色的手包，装扮出度假感觉。

吊带衫

GALLUS-SHIRT

吊带衫是最传统的露肩装，也是最随和的露肩装。它轻巧、色彩斑斓、凉爽，最能体现女性窈窕的体态，是女人盛夏出场率最高的服饰。不要因为胸部太丰满或太平，而失去穿吊带的勇气。牛仔裤、迷你裙都是吊带衫最为合适的搭配单品。

关键词

跨肩式

◎跨肩式吊带衫也就是我们所说的传统吊带衫，这种吊带衫大胆追求清凉与性感混合出的味道，追求夏日清凉感与时尚感的OL们绝对不可错过吊带衫带来的惊艳感觉。

▲ 沉稳的款式是百搭款，能够与各种上装搭配出不同风格。

▲ 米黄色纯棉吊带衫，领口的抽褶设计是亮点，可内搭也可外穿。

▲ 经典的条纹不再固守传统的配色，肩带的设计也是创新之举。

▲ 复杂的吊带、凸显胸线的滚边，为宽松的娃娃装款式注入性感。

▲ 充分体现胸部线条的设计，是平胸MM的首选，蕾丝边的加入让人视线上移，起到拉长下半身的效果。

▲ 以细节赢得好感的红色吊带衫，甜美度百分百。搭配成熟感外衫也适合通勤。

▲ 蕾丝面料平添小公主般的味道，让成熟OL也可爱一把。

光面材质与豹纹图案的短裙搭配，用稳重压住野性。

缎质系带有种复古女人味，露肤款却又让性感极度绽放，下装的面料与系带形成呼应，更加凸显上装的图案。

关键词

吊颈式

◎吊颈式吊带衫大胆裸露肩颈部的线条与肌肤，简约的设计和极具清凉感的面料是它的一大亮点，并且更加贴合身体曲线。

▲ 休闲清凉的吊带衫搭配五分裤就成为了盛夏海滨最IN的装扮。

▲ 将小格子的优雅与露背装的性感合为一体，纯棉材质非常贴心。

▲ 斑马纹和豹纹突出狂野气质，是个性女郎的最佳选择。

紫色花朵的雪纺吊带衫，领口与吊带采用圆环相接，束腰设计非常贴身。

肚兜式样的白色吊带衫内搭斑马纹裹胸，穿在牛仔裤外面，动作幅度再大也不会走光。

鲜艳的热带花朵图案让你抢先一步感受度假心情。胸口的荷叶边增加可爱度。

裙装

S K I R T

裙装是四季都热卖的服装款式，它可以为你带来更多女人味，炎夏更能让你轻松享受凉爽的感觉。穿裙子的女人是温柔的，即使表面干脆利落，内心却埋藏着柔情。上班女郎的裙装简洁典雅，充满了知性美。OL们该选择什么样的裙装搭配呢？一起来看看吧。

蕾丝面料连衣裙和小手袋均为纯净的白色，利用米色腰带来打破单调。

镂空针织连衣裙，因为腰间的蝴蝶结而产生曲线美。长形项链和近似色手袋，成就淑女风范。

关键词

连衣裙

◎穿好连衣裙是女性的必修课，轻薄的面料、修身的剪裁，勾勒出女性优美的身体曲线。而设计多样的连衣裙总是能带给女性不同的风情，理性俏皮、高雅浪漫、潇洒帅气都是连衣裙的语言。

▲ 立体剪裁的香槟色连衣裙，展现公主般的优雅。下摆处的条纹渲染清爽海军风。

◀ 款式简洁的修身款小礼服，塑造『赫本』式的优雅。腰际的装饰是点睛之笔。

◀ 一定宽度的腰带，修饰凸出的小腹。精细的褶皱，展现对细节的注重。

◀ 色彩丰富的彩色条纹营造活泼气氛，打破办公室的沉闷。

◀ 宽松的线条突出女性魅力，想再加入一点成熟感，就用腰带来强调腰身。

抽象图案的黑白双色雪纺裙，以艺术气质取胜。

手法细腻的粉红色针织连衣裙和蝴蝶结腰带装饰，透着女孩的纯真，于是选用白色和米色配饰来制造成熟感。

黑色连衣裙款式简单大方，利用重叠的项链和带流苏的手提包作为重点修饰，突出高雅气质。

关 键 词

吊带裙

◎比起连衣裙和其他裙装，吊带裙总在无意中透露出几分性感与魅惑，OL们虽然不能单穿吊带进办公室，但是如果将它与其他服饰搭配，会别具一番风情。约会、逛街、朋友聚会……炎热的夏季穿一件吊带裙，能彻底改变自己的办公室印象。

◀大小圆点散落在真丝面料上，成就浪漫与性感兼备的二十世纪五十年代风情。

◀民族风格的图案和色彩是表现个性的风向标，与金色、亚麻色搭配是明智之选。

◀民族风格的刺绣图案是吊带裙的华丽细节，适合气氛热烈的野餐Party。

◀单纯而靓丽的黄色能够给人鲜明的第一印象，充满新鲜活力。

白色连衣裙腰际压褶提升可爱度，搭配深色短外套，马上变得成熟起来。

◀深V领露背连衣裙是『性感』的代言人，灰色腰线位置很高，有效修饰身材比例。整体选用绿色，绝对成熟优雅。

◀修身、提腰、露背的款式，令性感再度升级，湖蓝色颈带、荷叶边和裙摆处的点缀，一扫黑底的沉闷感。

◀工字型肩带的蓝色裙装，胸部的拼接和褶皱凸显美胸效果。

质感轻盈的半透明上装，重叠穿黑色抹胸，再配上前面带褶皱的黑色吊带裙，成熟中不失童真。

柠檬黄连衣裙充满了青春活力，翻褶的胸口设计和腰际的褶皱是抢眼的亮点。搭配白色小手袋，更显清纯靓丽。

斜襟呈现大V字，视觉上让上半身纤细起来。搭配长形珠链、金色首饰和金色手包，凸显高贵。

关键词

三分裙

◎三分裙是近几年时尚的新宠，比迷你短裙略显内敛，比传统连衣裙略显性感。三分裙搭配七分袜绝对是街头一道独特的风景线。

◀图案和材质带着几分民族风情，腰身上拉弱化了不完美的身体曲线。

◀大地色倍显优雅，蕾丝边、蝴蝶结系带、内衬的压褶是点睛之笔。

◀紫色三分裙实用性很高，提腰、腰间加细褶勾勒曼妙身材。

◀印染效果的图案渲染艺术气质，锯齿边的袖口可以修饰粗壮的手臂。领口的设计也别具一格。

◀自由『生长』的植物图案给人蓬勃向上的印象，为职场生活注入积极因素。

A字型褶裥连衣裙具有纵向拉伸的视觉效果，是夏日必备的「瘦身款」。镂空面料与竹编包的搭配，带来清凉感觉。

斑斓的糖果色细吊带裙，与同样糖果色的项链、手镯构成和谐的整体，尽显度假心情。

全黑色的三分裙增加神秘感，胸前的大纽扣是不可或缺的装点。通勤造型时，可利用腰带提升干练感。

糖果色条纹的抽带三分裙，展现OL的女孩气质，露肤款、侧边的抽带和领部的设计则让性感指数大幅提升。

低腰设计和直腰剪裁，弱化腰臀比例，松垮的腰部视觉上缩小臀围。

下摆经过抽线处理的百褶牛仔裙，显得自由洒脱。

关键词

短裙

◎短裙一般指裙摆在膝盖以上的裙子。短裙不断发展，新式短裙臀部合身，下摆宽松，更加女性化。现在流行的短裙多数是超短的，因为这样可以搭配各类休闲版长衫，色彩丰富，粉色系更透着甜美可爱。

▲ 挺括的褶裥裙具有分隔效果，让下半身的围度在视觉上得到削弱。

▲ 膝上25厘米的花苞裙是搭配长款上装的能手。

▲ 红色喇叭裙，热情高涨，是职场初级生通勤值得选择的款式。

关键词

中长裙

◎不知不觉中，中长裙悄悄走入人们的视线，流行在爱美女性身上，颠覆了往日累赘、拖沓的形象，给人全新的视觉感受。

◀粗呢Pencil Skirt，若搭配同款夹克会更抢眼。腰带和纽扣避免平淡感。

▲人气指数较高的百褶裙是OL的最佳选择，褶皱的细腻处理再聚人气。

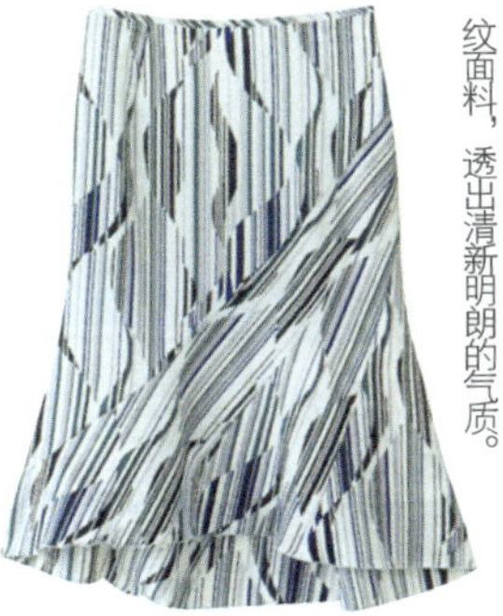

◀斜裁产生的柔和褶皱，增添了高档感。颇具立体视觉感的条纹面料，透出清新明朗的气质。

▲柔软的雪纺鱼尾裙，焦茶色令荷叶边端庄起来，增添成熟韵味。

◀带花纹的A字裙可以有效吸引视线，分散对腿部的注意力，适合腿部稍粗的女性。

胸前的荷叶边和皱褶，使简单的牛仔短裙变得女人味十足。宽大的腰带也是不容忽视的装点品。

几何图案印花裙与深卡其色衬衫搭配，打造高贵女人。

裤装 PANTS

相对于裙装，裤装多了几分帅气，少了一丝柔媚。但只有在细节上做足功夫，才能将裤装的帅气与自己的独特气质糅合在一起。裤装，让OL们优雅中带着雷厉风行；裤装，让女性成为收放自如的行动派。不同长短、不同款形的精彩裤装搭配，让『裤』女郎无论身处何地都带着闪耀的魅力。

迷你短裤是夏天的必备单品，但是很多女性对自己的腿形很没有自信……A字型Style遮盖效果一流，只要搭配高腰线上衣就OK了。还可以用夸张的腰带来凸显腰线美。

关键词

短裤

◎短裤又称“热裤”，分为中短裤和超短裤。火辣的身材和玲珑的曲线需要用短裤来衬托，它们不仅横行炎热的夏季，寒冷的秋冬季节依然畅销。由于短裤收身效果明显，易于与其他服饰搭配，迅速获得不同年龄段女性的青睐。

▲ 强调腰部线条的剪裁和设计适合腰部纤细的OL。因为款型挺括，穿着时要把衣摆放进裤腰里。

▲ 卷边短裤突出美腿效果。

▲ 蓝色镶边和米白色让性感的超短裤也展现优雅的一面，即使在办公室也合穿。

▲ 褶皱和小流苏裤脚表现女装特质，牛仔面料最适合与质地轻柔的粉色上装搭配。

条纹图案和棉质休闲面料的组合带来清新自然的海洋风格，搭配超短牛仔裤，以活泼的亲和力赢得好感。

热门的长款上装让小肚腩隐身，腰间系带与紧身七分裤强调修长的下半身。

关键词

中裤

◎夏日，穿长款裤装太热，于是，中裤就成了OL最佳的选择。以前总担心中裤穿上不够正规，其实，那都是误解。只要搭配得当，穿上中裤的Office Lady一样显得很干练。时尚OL们将中裤穿进办公室，给严肃的办公天地带来休闲风，既大方得体又不失文雅。

◀成熟感的白色七分裤，裤管处的设计是点睛之笔，与彩色条纹针织衫搭配最相宜。

◀经典的百慕大短裤，质感挺括，更能传出成熟味道。

◀侧边的系带装饰充分发挥轻盈魅力，选择褐色打造成熟形象。

◀细腻的千鸟格，适合黑白灰的经典搭配，若适度增加白色的分量，能够成功突出清爽和活泼的感觉。

◀系带让粗犷的牛仔面料也表现出温柔的一面。

宽松的紫色高腰吊带裙搭配紧身的黑色七分裤，是凸显修长下身的秘诀。

深V领上装搭配成熟的五分裤，提升轻便感。项链、腰饰、手袋都选用浅色，令色彩得以平衡。

关键词

长裤

◎长西裤传达给人的信息是自信、有经验、现代感的。比起长裙来，直筒长裤更容易搭配外套。舒适又方便的裤装虽然没有短裤那么性感，但对于腿部的拉长和修饰效果却是不容忽视的。运用不同的搭配方式，可使长裤呈现多变的中性、女性化风格。

◀深色具有显瘦功效，背带阔脚裤打造艺术家的风格，是熟女的俏皮上班装。

◀水洗白效果展现修长美腿。纽扣更是具有拉长的装饰效果。

适度宽松的灰色裤给人苗条印象，是塑造身材的秘密武器，搭配紧身T恤帅气中显温柔，搭配衬衫则可制造出酷感。

套装

SUIT

套装以经典优雅的职业正装为主，它们让职场中的佳丽们尽情挥洒迷人的风姿。不要以为是套装就是一成不变的，其实只要搭配好配饰和内衫，套装也能有百分百的回头率。

关键词

裙装

◎裙式套装一直都是Office白领丽人们的宠儿，不是因为它能给工作带来任何奇思妙想，而是因为它传达了一个信息——我够职业化。

▲ 灰色粗花呢套装因黑色镶边而独特，庄重款型由于腰带的加入而显得非常别致，以适当的细节赢得信赖感。

▲ 最正统的套裙款式，灰褐色展示熟女风彩。如果不愿意太过沉闷，利用闪亮的配饰是关键。

斑马纹内衫、前面开拉链的A字裙、闪亮的高跟凉鞋，为职业装注入新鲜感觉，将古板抛到脑后去吧！

衣领可立可翻的Two Ways设计是最大卖点。略带弧度的裙摆使行走更方便。

关 键 词

裤装

◎裙装出现的比例明显高过裤装，但一套修身的裤装可以说完美代言了OL的时尚精神——自信而干练。

◀黑色套装展示OL的严谨，但为了不至于过于严肃，需要利用对比色的配饰来制造色差，突破刻板的印象。

◀经典的素色套装轻快利落，塑造干练的职场女性形象。中央裤线使小腿的线条在视觉上更加修长，即使身材娇小的OL也适合。

稳重的深色让职场女性看起来成熟而端庄，设计独特的衬衫的条纹与外套色调和谐一致，构成完美的整体搭配。

内衬荷叶边衬衣，让利落的OL也展现感性的一面。

外套 COAT

新时代的OL着装不再严肃、老套，各种不同的外套在随性中流露出浓浓的女人味，性感与优雅兼具，干练中又给人一种妩媚感。多变的外套带出不同的装感和视觉享受。无论是哪个季节，它都能凸显出女性时尚。根据不同的场合选择不同的外套，搭配不同的上衣和下装，你都将会是最亮眼的焦点。

暗纹苏格兰呢长袖夹克配小圆点褶皱裙，显现雅致熟女风。

关键词

短款

◎空气中充满淡淡凉意的季节，短款的外套是最受欢迎的单品，可以与吊带、T恤衫或裙子搭配，不同的搭配碰撞不同的感觉。帅气、可爱、性感……都是你个性的味道。

▲ 椭圆领、双排扣让修身的A字型外套穿出新意。

▲ 立领、双排扣、卡其色展现中性的成熟味道，肩部与袖口的皱褶软化硬朗。

▲ 工装风格的短外套是装扮出成熟气质的制胜法宝。

爽甜的外套提醒职业态度，条纹内衫则带来海军风格。

关 键 词

超短款

◎休闲风格的超短款小外套，款式简洁大方，是OL衣橱内的必备款。超短的款式不仅将女性动人的上半身曲线勾勒得凹凸有致，更能在视觉上缩短上半身比例，从而衬托修长的下半身。

▲ 米白色超短斗篷式上衣优雅可爱，搭配半身裙和短裤都很有平衡感。

休闲款式的超短外套可以随意搭配，大地色提升品位。

▲ 短款披肩式开衫，最适合搭配背心式或吊带式连衣裙，巧妙提升时髦感。

▲ 为了令七分袖短外套呈现干练感觉，内衫要选择不会从外套领口露出的款式。

短款夹克包容白色T恤的休闲感，同时坚持自己的知性立场。

关 键 词

长款

◎冬日外套占有重要的席位。对于时尚的OL们，更喜欢的应该是长款外套——风衣。它们除了具有很好的保暖效果外，修身的设计使得整体感觉更年轻更有时尚感，决不会因为臃肿而失去线条美。

▲ 直身大衣带有二十世纪二十年代的名媛风尚，面料略微轻薄挺括，线条适当紧身，实用度极高。

◀ 时尚又健康的黄色富有视觉冲击力，搭配常穿的牛仔裤，再内搭与仔裤相配的内衫，完成高雅又华丽的色彩组合。

▲ 收腰散摆的X形大衣延续二十世纪四五十年代的“New Look”风貌，宽腰带突出腰部性感的曲线。

◀ 缩短了长度的改良款风衣显得潇洒帅气。

带有细腻风琴褶裥的通透感半身裙与深色的修身款风衣搭配，含蓄而知性。毛领和同样沉稳的靴子、提包更显职场女性的稳重感。

斜纹粗呢风衣创造新古典氛围。

关键词

背心

◎看似平凡的小背心是百搭的基本款，没有妖娆、辛辣，反而越简约越能赢得绝佳的口碑。

▲ 铆钉的加入增添硬朗气质，成熟的褐色则让信任度大增。

▲ 光泽感材质能够让你看上去神采奕奕，时刻给人眼前一亮的感觉。

▲ 中性风格的条纹背心，既可以搭配正装穿出干练感，也能搭配T恤穿出休闲味。

关键词

针织衫

◎婀娜多姿的针织衫一直是OL最为贴心的宝贝。触感柔软、造型百变、功能实用，在办公室里被演绎得千娇百媚。多变的色彩、贴身的剪裁，让针织衫成为女人味的最佳代言。经典的简约色彩结合最IN时尚元素，彰显了女人的柔美与婉约。

▲ 大V领为传统样式增添了性感气质和时尚度。

▲ 特别添加的颈部系带和白色蕾丝，让传统的蓝色抛开保守的宿命。

▲ 肌理丰富的白色开衫，精致的钩花流露淑女风范。

简洁的短款针织衫内搭充满设计感的蓝色长衫很流行，巧用色差更高明。

两件套针织衫，略微收紧的袖口可以修饰稍粗的手臂。艳丽的色彩为白色下装注入活力。

柔媚的艳黄色长袖针织衫配合白色内衫，体现流行的叠穿手法。黑色裤装起到收敛作用。

USEFUL MATERIALS, THE EXPRESSION OF CLOTHES

3. 服装的"表情"——常用面料

■ 服装面料是服装最基础的元素，它品种繁多且日新月异。从总体上来讲，优质、高档的面料，大都具有视觉高贵、触觉温润、穿着舒适、吸汗透气等特点。作为服装三要素之一，面料不仅诠释着服装的风格和特性，而且还直接左右着服装的色彩和造型的表现效果。■

常用面料&特性

服装面料分为棉织物、麻织物、毛织物、丝绸织物、化学纤维面料、针织品类面料、裘皮及皮革面料等8大类。

棉织物

特性：具有良好的吸湿性、透气性，穿着柔软舒适，保暖性好，染色性能好，色泽鲜艳，色谱齐全，耐碱性强，耐热光，适宜做夏装或童装面料。

缺点：耐酸能力差，弹性差，缩水率大，易起皱，易生霉。如长时间与日光接触，强力会降低，纤维会变硬变脆。

麻织物

特性：强度、导热、吸湿比棉织物大，对酸碱反应不敏感，抗霉菌，不易受潮发霉，色泽鲜艳，不易褪色，熨烫温度高，喷水后直接在反面熨烫。

缺点：穿着不甚舒适，外观较为粗糙、生硬。

毛织物

特性：坚牢耐磨、保暖、有弹性、抗皱、不易褪色。

缺点：毡化反应(易缩水)；长期置于强光下会令其组织受损，耐热性差。羊毛容易被虫蛀，经常磨擦会起球。

丝绸织物

特性：柔软爽滑、色泽鲜艳、华丽高雅，吸湿、耐热。

缺点：不耐光、不耐水、不耐碱，生褶皱，容易吸身、不够结实、褪色较快。

化学纤维

又分为：再生纤维素纤维、涤纶、棉纶、腈纶、维纶、氨纶、丙纶等。

再生纤维素纤维：吸湿、透气、手感柔软，穿着舒适，有丝绸的效果。颜色鲜艳，色谱全，光泽好。

缺点：易起皱，不挺括，易缩水。

涤纶：为改良，加入天然纤维、再生纤维素、纤维混纺。面料挺括，抗皱，强力好，耐磨，易洗快干，不虫蛀，不霉烂，易保管。

缺点：吸湿差，透气差，穿着不舒适，易吸灰尘，易起毛起球。

锦纶：有弹性并且蓬松，类似羊毛，强度高，保形好，外观挺括，保暖，耐光。

缺点：吸湿性较差，舒适性较差，但混纺后有所改善。

腈纶：弹性较好，手感柔软，有较好的保形性。

缺点：不吸湿，不耐热。

维纶：强度好，吸湿，不怕霉蛀，质地结实，耐穿。

缺点：但不耐热，易收缩，易起皱。

氨纶：弹性好，伸阔性大，穿着舒适，并且耐酸、耐碱、耐磨。

缺点：但强力低、不吸湿。

丙纶：强度、弹性好，耐磨，外观挺括，尺寸稳定。

缺点：不吸湿，不耐热。

针织品类面料

针织内衣特性：伸缩性好、柔软、吸湿、透气、防皱。

针织外衣特性：坚牢耐磨，色泽鲜艳，挺括抗皱，缩水率小，易洗快干，但吸湿性、透气性差。

裘皮及皮革面料

裘皮特性：（天然）雍容美观，穿着大方、华丽、高贵，舒适、温暖。

人造皮毛特性：保暖，外观丰满美丽，手感柔软，绒毛蓬松，弹性好，质地松，轻，耐磨，抗菌防虫，易保藏，可水洗，但防风性差，掉毛率高。

天然皮革特性：遇水不易变形，洗水易收缩，耐化学药剂，防老化，但大小不一，加工难以合理化。

人造皮革特性：质地柔软，穿着舒适，美观耐用，保暖，吸湿透气，防蛀，免烫，尺寸稳定。

常用面料成分的鉴别

鉴别服装面料成分的简易方法是燃烧法。做法是在服装的缝边处抽下一缕包含经纱和纬纱的布纱，用火将其点燃，观察燃烧火焰的状态，闻布纱燃烧后发出的气味，看燃烧后的剩余物，从而判断与服装标签上标注的面料成分是否相符，以辨别面料成分的真伪。

棉纤维与麻纤维

棉纤维与麻纤维都是刚近火焰即燃，燃烧迅速，火焰呈黄色，冒蓝烟。二者在燃烧时散发的气味及烧后灰烬的区别是，棉燃烧发出纸的气味，麻燃烧发出草木灰的气味；燃烧后，棉有极少粉末灰烬，呈黑或灰色，麻则产生少量灰白色粉末灰烬。

毛纤维与真丝

毛遇火冒烟，燃烧时会起泡，燃烧速度较慢，散发出烧头发般的焦臭味，烧后灰烬多为有光泽的黑色球状颗粒，手指一压即碎。真丝遇火则缩成团状，燃烧速度较慢，伴有“咝咝”声，散发出毛发烧焦味，烧后结成黑褐色小球状灰烬，手捻即碎。

锦纶与涤纶

锦纶学名“聚酰胺纤维”，近火焰即迅速卷缩熔成白色胶状，在火焰中熔燃滴落并起泡，燃烧时没有火焰，离开火焰难继续燃烧，散发出芹菜味，冷却后成浅褐色熔融物，不易研碎。涤纶学名“聚酯纤维”，易点燃，近火焰即熔缩，燃烧时边熔化边冒黑烟，呈黄色火焰，散发芳香气味，烧后灰烬为黑褐色硬块，用手指可捻碎。

腈纶与丙纶

腈纶学名“聚丙烯腈纤维”，近火软化熔缩，着火后冒黑烟，火焰呈白色，离火焰后迅速燃烧，散发出火烧肉的辛酸气味，烧后灰烬为不规则黑色硬块，手捻易碎。丙纶学名“聚丙烯纤维”，近火焰即熔缩，易燃，离火燃烧缓慢并冒黑烟，火焰上端黄色，下端蓝色，散发出石油味，烧后灰烬为硬圆浅黄褐色颗粒，手捻易碎。

维纶与氯纶

维纶学名“聚乙烯醇缩甲醛纤维”，不易点燃，近焰熔融收缩，燃烧时顶端有一点火焰，待纤维都融成胶状火焰变大，有浓黑烟，散发苦香气味，燃烧后剩下黑色小珠状颗粒，可用手指压碎。氯纶学名“聚氯乙烯纤维”，难燃烧，离火即熄，火焰呈黄色，下端绿色白烟，散发刺激性刺鼻辛辣酸味，燃烧后灰烬为黑褐色不规则硬块，手指不易捻碎。

氨纶与氟纶

氨纶学名“聚氨基甲酸酯纤维”，近火边熔边燃，燃烧时火焰呈蓝色，离开火继续熔燃，散发出特殊刺激性臭味，燃烧后灰烬为软蓬松黑灰。氟纶学名“聚四氟乙烯纤维”，ISO组织称其为“萤石纤维”，近火焰只熔化，难引燃，不燃烧，边缘火焰呈蓝绿碳化，熔而分解，气体有毒，熔化物为硬圆黑珠。氟纶纤维在纺织行业常用于制造高性能缝纫线。

粘胶纤维与铜铵纤维

粘胶纤维易燃，燃烧速度很快，火焰呈黄色，散发烧纸气味，烧后灰烬少，呈光滑扭曲带状浅灰或灰白色细粉末。铜铵纤维俗名“虎木棉”，近火焰即燃烧，燃烧速度快，火焰呈黄色，散发酯酸味，烧后灰烬极少，仅有少量灰黑色灰。

纯毛面料的鉴别

纯毛面料色泽自然柔和、保暖效果好，是制作高档西服和大衣的首选面料。但现在仿毛织品越来越多，纺织工艺也越来越好，但色泽、保暖性、手感等还是远远不及纯毛面料。下面介绍几种鉴别纯毛面料的方法以供参考。

★**手摸感**。纯毛面料通常手感柔滑，逆毛有刺痛感。而混纺或纯化纤品，有的欠柔软，有的过于柔软松散，并有发粘感。

★**看色泽**。纯毛面料的色泽自然柔和，鲜艳而无陈旧感。相比之下，混纺或纯化纤面料，或光泽较暗，或有闪色感。

★**看弹性**。用手将织物捍紧，然后马上放开，看弹性。纯毛面料回弹率高，能迅速恢复原状，而混纺或化纤产品，则抗皱性较差，大多留有较明显的褶皱痕迹，或是复原缓慢。

★**燃烧法鉴别**。取一束纱线，用火烧，纯毛纤维气味像烧头发，化纤面料的气味像烧塑料。燃烧后的颗粒越硬说明化纤成分越多。

★**单根鉴别**。所有动物的毛在显微镜下看都是有鳞片的，如果是长毛面料，只要取一根毛搓几下就会向上或向下移动（为了掌握这一技巧可先拿一根头发做试验），如果是普通织物，抽取一根纱线，剪2厘米的两段拆成一根一根的纤维放在手心里搓4～5下，看它们会不会移动。

COLORFUL CLOTHES SHOW YOUR MERRY MOOD

4. 心情的彩虹——服装色彩

■ 色彩是服装感观的第一印象，具有极强的吸引力，如果想让它在着装上得到淋漓尽致的发挥，必须充分了解色彩的特性。■

色彩的属性

恰到好处地运用色彩的不同属性，不但可以修正、掩饰身材的不足，而且能强调、突出你的优点。色相、明度、彩度．称为“色彩的三属性”。

色相 是色彩本身的固有颜色。如红、黄、蓝等颜色的名称。

明度 是指色彩明黯的程度。以无彩色为例子，明度最高的是白色，最低的是黑色，再加上当中的灰色调，则构成明度系列，这是最容易认识明度变化的例子。

彩度 也叫“纯度”，是指色彩饱和的程度或是纯粹度。任何颜色的纯色，均为该色彩中彩度最高的颜色，一旦混合了其他颜色，则会降低其彩度，混色越多彩度越低。比如蓝绿色就是在蓝色中加入了绿色，如果再加入其他颜色色彩的彩度会更低，比例得当的话将是一种很漂亮的高级色。

色彩的第一印象

不同的色彩，给人不同的感觉，一般来说色彩给人的第一印象分为六种：生硬、柔软、暑热、凉爽、黯淡、鲜亮。

感觉柔软的颜色

纯度和明度都很高，浅色、明快的颜色属于柔软的颜色。服装的花边、雪纺面料等大多使用这类颜色。

感觉生硬的颜色

纯度和明度都很低的黯色属于生硬的颜色。西装、大衣、棉袄等服装多使用这类颜色，给人很浓重、沉稳的感觉。

感觉暑热的颜色

纯度高，含有红色、黄色质的颜色属于热的颜色。要表现热情、辛辣的感觉时会用到这种色彩。

感觉凉爽的颜色

明快、靠近白色、含有浅蓝色质的颜色属于凉爽的颜色。夏季的裙装、衣装等一般都使用这类色彩。

感觉黯淡的颜色

灰色系属于黯淡的颜色。给人深奥印象的服装等常使用这类颜色。

感觉鲜亮的颜色

不混浊、亮色，纯度高的暖色系属于阳光的颜色。纯T恤衫、手袋等大多使用这类颜色。

服装的基本配色原则

服饰美不美，并非在于价格高低，关键在于是否得体，是否适合年龄、身份、季节及所处环境的风俗习惯，更主要的是全身色调的一致性，取得和谐的整体效果。“色不在多，和谐则美”，正确的配色方法，应该是选择一两个系列的颜色为主色调，占据服饰的大面积，其他少量的颜色为辅，作为对比、衬托，或用来点缀装饰重点部位，以取得多样统一的和谐效果。总的来说，服装的色彩搭配分为两大类，一类是协调色搭配，另一类是对比色搭配。

协调色搭配

★**同类色搭配**。指深浅、明暗不同的两种同类色相配，比如青配天蓝、墨绿配浅绿、咖啡配米色、深红配浅红等，同类色搭配的服装显得温文尔雅、知性简约。粉红色系的搭配，更可以让整个人看上去柔和很多。

★**近似色相配**。指两个比较接近的颜色相配，如红色与橙红或紫红相配，黄色与草绿色或橙黄色相配等。

对比色搭配

★**强烈色配合**。指两个相隔较远的颜色相配，如黄色与紫色、红色与青绿色，这种配色比较强烈。日常生活中，我们常看到的是黑、白、灰与其他颜色的搭配。黑、白、灰为无色系，所以，无论它们与哪种颜色搭配，都不会出现大的问题。一般来说，同一个色与白色搭配时，会显得明亮，与黑色搭配时就显得昏暗。因此在进行服饰色彩搭配时应先衡量一下，你是为了突出哪个部分的衣饰。不要将沉着色彩，例如深褐色、深紫色与黑色搭配，这样会和黑色呈现“抢色”的后果，令整套服装没有重点，而且服装的整体表现也会显得很沉重。黑色与黄色是最亮眼的搭配。红色和黑色的搭配，非常隆重，但也不失韵味。

★**补色配合**。指两个相对的颜色的配合，如红与绿、青与橙、黑与白等。补色相配能形成鲜明的对比，有时会收到较好的效果，黑白搭配是永远的经典。

TIPS：

色彩&气质

红：活跃、热情、勇敢、爱情、健康、野蛮
橙：富饶、充实、未来、友爱、豪爽、积极
黄：智慧、光荣、忠诚、希望、喜悦、光明
绿：公平、自然、和平、幸福、理智、幼稚
蓝：自信、永恒、真理、真实、沉默、冷静
紫：权威、尊敬、高贵、优雅、信仰、孤独
黑：神秘、寂寞、黑暗、压力、严肃、气势
白：神圣、纯洁、无私、朴素、平安、诚实

ALL-DIRECTIONAL DRESSING SECRETS

360度女人的着装秘籍

part 2

服装的生命力来自穿着的人。只有当它穿在合适的人身上，才能显出美感，360度女人的着装秘籍，从脸型、体型、职业、场合、季节等多个方面，为现代都市OL打造最完美的着装形象。

3 DRESSING REGULATIONS FOR OL

1. OL丽人着装的三大黄金定律

■ 要成为Office美丽风景线，在着装上必须突出自己的优点，掩藏体形的缺点，并用服装调整全身的比例。只有这样，你才能让人过目不忘，才能更加光彩照人。 ■

突出优点

用服装把自己的优点展现出来，可以让人记住你与众不同的美丽。突出优点的方法比较简单，通过服装款式的选择及搭配，让优点部位清晰而明确；或者在优点部位装饰上特别漂亮的配件，自然就能吸引注意力。但是要注意，在突出优点的同时要注意整体的平衡，不能因为一点突出而使整体失衡，注意做到相互呼应协调统一。

隐藏缺点

每个人的体形都有缺点，天生的完美身材几乎是不存在的。面对缺点，人一般有两种态度：第一，放任自流；第二，隐藏缺点，我们比较支持第二种。因为第一种观点完全是自暴自弃的表现。但缺点的隐藏要注意技巧，有些地方要用遮挡的方式，有些地方则应该装饰夸张的配件才可以。不同的身体缺点有不同的隐藏方式，具体的隐藏方法将在下一节为大家详细讲解。

调整比例

每个人心里都有一个好身材的标准，也许你的身材并没有达到标准，但是通过服饰的巧妙搭配，能够让你的身材接近标准。例如，将腰线提高能够显出腿长，调和色彩比例能够使整体保持统一等。当然，调整身材的比例也不能忘记保持整体的平衡，过于夸大某个元素，肯定会破坏平衡，使整体变得突兀，请一定记住这一点。

PERFECT DRESSING STYLES TO BEAUTIFY YOUR BODYSHAPE

2. “零缺陷”体型来自完美着装

■ 用服饰弥补外形不足的原则是：借直线条使人产生延伸感，借横线条使人产生收缩感；借紧束的衣服使身体某些部位后收。深颜色有缩拢的效果，浅颜色有膨胀的功能；褶皱的装束可使某些部位看起来丰满，平面的装束可引开人们的视线；单一颜色的衣裤会使身材显得高挑，杂色的衣裤则可令身材显矮。 ■

选择适合自己脸型的服装

人的五官可借着化妆来修饰，但是“脸型”却不是很容易用化妆来掩饰的。最好的办法，就是用服装来美化。在服装中，最影响人的脸型的就是衣服的领子。现在就将脸型大致分类，并分别提供几个适合的衣领式样。

椭圆形

这是最完美最理想的脸型，通常称为“瓜子脸”或“蛋型脸”，因为没有什么缺陷，不需加以掩饰，所以任何领子都适合。（如图A）

倒三角形

类似心型，上颚宽大、下颚狭小，是属于理想的短形脸之一，所有的领子都适合。（如图B）

三角形

像梨形，下颚宽大、上额狭小，穿V字领脸型会看起来柔和些。（如图C）

菱形

菱形脸尖锐狭长，其下颚上额皆显狭小，利用刘海将上额遮盖住，而且两鬓的头发要梳得较蓬松，如此就可增加上额的宽度，使脸型形成逆三角形，衣领的选择一般没有限制。（如图D）

A

C

B

D

圆形

圆形脸，显得宽大、饱满，给人亲切可爱的印象。宜增加长度感，减少圆的感觉，所以，圆脸女士扮美的要点是遮掩或淡化过圆的脸，并在穿衣打扮时强调优雅与成熟。应该选择款式简洁的服装来体现成熟韵味，以V字型的领口来缓和最为恰当。穿圆领口时，领口需大于脸型，领子要低些，且不能太狭小这样脸型将显得较小。需要注意的是衣领不能太过于宽大，衣领大小与脸型比例务必调和。饰物也应简而精，避免各种可爱的小饰物。（如图E）

长脸

长脸的女士显得理性、深沉而充满智慧，不过容易给人老气、孤傲的印象。所以在进行装扮时，应适当强调活泼轻快的风格与柔和的女人味。职业套装很适合长脸的女性，为了避免过分的单调与刻板，可用围巾或胸针点缀，显得时髦而柔和。优雅的长裙和粉色系针织外套可为长脸型的女士增添一份温柔气质。在领型的选择上应选用能使颈项外露较少的领型，开领越浅越好，如圆弧型披肩领、圆领等。切忌采用长型或狭长型的领式，因为这样会夸大脖子与脸型的长度。衣料的颜色应适宜于选用浅色或中性色彩，如藕荷色、淡蓝色、浅绿色、米黄色、粉红色等，也可在领边上加一道深色的花边。（如图F）

E

方脸

方脸大多属于宽大型，给人很强的角度感，用U型领可缓和这种脸型，最好不要穿圆领的衣服，不然会更加突出脸的宽大。方脸者应尽量选用可以减少脸型棱角感的领型，避免采用方形或横形的领型。一般来说，双翻领、领带领、小圆角领等领型较为适宜。衣服的颜色以中性为好。女性可选用一些淡黄色、粉红色以及宽条或窄条的浅色衣料。但方形而不显大的脸，很有个性，应该强调个性美。（如图G）

以上介绍的是一般脸型与领型最基本的搭配规律。在实际操作中，必须根据每个人的体型、肤色、职业、身份、性格、爱好等因素综合考虑，挑选出质地、色彩、式样互相和谐统一的领型和服装。

F

G

常见体型的着装法则

在穿着服装前，要充分了解服装和体形的一些搭配法则。女性的体形一般分为以下8种，下面我们将根据各种不同的体形，来看看具体的搭配法则。

娇小玲珑型

娇小玲珑型的女性，如果穿着深色的衣服，会显得更为瘦小。所以，应选择淡色或小型花纹而且质地柔软的衣服。此外，上衣可以采用镶边的样式，裙子则不妨在腰际打碎褶，使身材显得较丰满。帽子、手提袋和项链等配件，则尽量选用小而可爱的类型。（如图A）

丰满矮小型

矮小丰满的女性可以多穿一些套装形式，色彩尽量简洁，以深色、中性色为主，避免花哨。注意上下身衣服颜色不要面积相等，以免把整个身子分成两个部分，显得更矮。服装在胸部和臀部的裁剪一定要贴身合适，其他部位可以略显宽松，这样可以使身体显得更加匀称。整套衣服的修饰重点应放在颈部、头部等腰线以上的部位，可以把视觉点往上提高，使人看起来显得修长些。 穿着蓬蓬裙或长裙会显得更为矮胖，所以应该尽量选择合身的短裙。此外，也可以选择色彩明朗的运动衫和细小花格的洋装。打结的围巾或小胸针，都是理想而可爱的配件。总之，在穿着方面应该尽量表现得清爽且充满活力。（如图B）

高挑瘦削型

高挑瘦削型是最理想的“衣服架子”，适合各种样式的服装。但如果穿着太古板的衣服，会显得老气横秋。因此，在选择衣服的款式时，应特别注意“新鲜感”，最好是穿着大型花纹且曲线丰富的洋装。布料方面，则以舒适、柔软的质地最为适宜。如果衣服上有横向的花纹，会显得更为丰满动人。另外，那些宽边帽、大的手提包和能叮当作响的耳环或项链，更会使人显得俏丽大方。（如图C）

高大粗壮型

高大粗壮型的人，通常腰部较为粗大，所以掩饰的重点应放在腰部。如果体型略胖，裙长应该垂膝。服装款式以趋向运动装的样式最为合适；布料则以不要太显露体型的质料为主；色泽方面应选择深而鲜丽的色彩；搭配大方的配饰较为合适。（如图D）

“X”型体

这种体型俗称“沙漏型”，又叫匀称体型。尤其对女性来说，这是经典的、理想的、标准的体型。匀称是指身体各部分的长短、粗细合乎一定的比例，给人以协调和谐的美感。特征是以细腰平稳上下身，胸与臀几近等宽。这种体型非常标准，曲线优美，无论穿哪种款、色的服饰都恰到好处，即使穿上最时新、最大胆的时装色彩也不会显得出格。世界上那些顶级时装设计师就是以“X”型体为假想对象来进行创作的，往往具有浪漫、活泼、高雅的风度。X型体的人，若穿着“X”款的服饰，会显得高贵典雅、仪态万千。（如图E）

“V”型体

“V”形体型对于女性来说，并不是一个优美的体型。虽然这是一种女性感特别强的体型，但这种人肩部宽、胸部大，过于丰满，使臀部与大腿相形见瘦，会显得矮些，且上身有一种沉重感。所以大多数这种类型的女性都不太满意自己的这种形象，总希望通过着装来改变现状，使自己显得高一些，轻盈一些。为此，选择服饰时，上衣最好用黯灰色调或冷色调，使上身在视觉上显得小些，也可以利用饰物色彩来表现腰、臀和腿，避免别人的注意力集中到上部。上衣不宜选择艳色、暖色或亮色，也不宜选择前胸部有绣花、贴袋之类的服饰。（如图F）

“A”型体

这种体型俗称“梨子形”，一般小胸、胸部较平或胸部上移，窄肩，腰部较细，有的腹部突出，臀部过于丰满，大腿粗壮，下身重量相对集中，这样在整体上使下部显得沉重。这种体形如果要发胖，其重量将大部分集中于臀部和大腿。为此，服饰色彩的选用原则与“V”形体型的人大致相反。可采用较强烈的细节色彩，将人们的视线引向腰以上的部位，以显得苗条。下身可选用线条柔和、质地厚薄均匀、色彩纯实偏深的长裙，上下身服饰色彩反差不宜过小，并扎上一条窄的皮带，这样就能避免别人视线下引，造成视觉体形上匀称的效果。或者下裙用较黯的单一色调（如深蓝色），配以色彩明亮鲜艳、有膨胀感的上衣（如浅粉色），就能达到收缩臀部、扩大胸部的视觉效果。领线处可挂大饰物以转移视线，就会显得体形优美丰满。（如图G）

“H”型体

这种体型特征是，上下一般粗，腰身线条起伏不明显，整体上缺少“三围”的曲线变化。着装可以通过颈围、臀部和下摆线上的色彩细节来转移对腰线注意的视线。也可采用色彩对比较强的直条纹的连衣裙，再加一根深色宽皮带，由对比强烈的直向线条造成的视觉差与深色的宽皮带造成的凝聚感，来消除没有腰身的感觉，从而给人以洒脱轻盈之感。在“H”形体型的人中，肥胖型的人胸围、腰围、臀围等横向宽度都较大，因而服饰长度也必须相应地增加。全身细长的服饰色彩能改变肥胖笨拙的视觉体态，给人以丰满、成熟的印象。尤其不宜在腰线处使用跳跃、强烈的色彩，以减少对腰部注意的视线。（如图H）

F

G

H

A

B

C

D

身体局部缺陷的着装修饰法则

脖子短粗

脖子短粗的女性，应穿无领、敞领、翻领、低领口或V字领上装，再戴一条长项链，以突出肌肤的美，借以分散人们对短脖子的注意力。如果剪一个较短的发式，脖子更显修长。（如图A）

胸部太小或太大

胸部小的女性，应选择质地轻薄、飘垂或宽松的上衣，色调宜淡不宜深、宜暖不宜冷，也不宜穿紧身衣。上装若用鲜艳色调、轻松色调的图案来装饰，可使胸部显得丰满些。水平条纹的上衣，开细长缝的领口，宽肩的衣服都是小胸女人不错的选择。

胸部过于丰满的女性，应选用设计简单、宽松合适的上装，不要穿过于贴身的毛织服装和真丝等衣衫。（如图B）

手臂较短或较长

手臂较短的女性，衣袖不宜宽也不宜长，尽量将袖口边制作得狭些、短些，通常袖长的3/4即可。平时不妨将袖口卷起，这样可以给人以臂长的感觉。手臂较长的女性，衣袖宜短且宽。（如图C）

腰部粗大

女性在视觉体形上最敏感的地方就是腰围了。如果腰围过粗，可选择能掩饰腰围过粗的服饰，如比较宽松的上衣，使用深色、冷色而质地较硬的布料，能使腰身显得纤细、优美。不宜穿过于狭窄的或绷紧腰身的衣服。在腰带方面，要采用宽腰带。（如图D）

肩膀窄小或过宽

肩膀窄小（包括斜肩）的女性，可在肩部衬上垫肩。不宜穿着无肩缝的毛衣或大衣。窄而深的V形领口也不合适。

肩膀过宽是造成着装形象不理想的原因之一，为此，可选用深色、冷色且单一的色彩，以使肩部显窄些。不宜使用加垫肩的服饰，不宜使用横条面料。最好选用V字领上衣，这样可使肩部看起来小一些。（如图E）

E

臀部肥大或过小

臀部肥大的女性，可选用深色的西装裤或西装裙，不要穿浅色带光泽的面料做的裤子或裙子，因为它闪射出的光会使臀部更加突出。不要穿牛仔裤，那样会显得身材松垮、臃肿。

臀部过小的女性，着装上，除不宜选用暴露体形的紧身裙或裤外，更不宜选用深色面料的服饰，宜选用色彩素浅、式样宽松的长裤或褶裙，这样可使之丰满一些。例如颜色浅、光泽亮、打褶的裤子，宽松的袋状裤子，都可以起到掩饰臀部过小的作用。（如图F）

腿短或弯曲

以一般的审美观而言，下半身应比上半身长些才符合美的标准。腿部过短，就不宜穿色彩相差很大的上下装，以免将上身与下身截然分开，从而看上去显得更短，全身服饰色彩应力求统一、协调。腿部较短的女性适合穿短上衣或横条上衣、高腰外衣、直线条裙子和裤子。不要把上衣穿在裤子或裙子里面，也不要穿长至足踝的裙子，应穿高跟或半高跟的鞋子。

腿部弯曲，可穿着高腰的衣服，配上不同的袜子并巧妙使用服饰配件等。（如图G）

腿偏粗

腿脚一粗，就会使人有变矮的感觉。因此，人们想方设法希望能有效地掩饰这种体形缺陷。对于这种腿粗的体形，尽量不要选用白色或强烈、鲜艳、暖色的服饰，也不宜穿上深下浅的服饰，不宜穿色彩过浅过亮的裙子、裤子，用色太纯、太暖、太亮都易使面积扩大。下身着装最好采用深色、冷色和简单款式，这样能使腿部显得纤细，并减少他人对腿部的注意。穿格子短裙和深色连裤袜、穿裙摆大一些的喇叭裙、穿较为宽大的短裤、穿带插袋的裙子、穿腰腿部有双条长褶的长裤、穿多角式裙摆的裙子和穿黑白对比强烈的裙子都是很成功的方法。（如图H）

下半身偏大

下半身偏大，就是腰部、臀部、腿部都比正常人大。这样的体形可使用多种方法予以修饰。如加强上半身的对比度，尽量将视觉中心往上半身提。选用短外套和黑色喇叭裙配套，穿着悬垂性较好的深色喇叭裙，选用条纹面料和垂性好的面料做上下装，或穿正统的驳领西装以使肩领部得到强调，都能减弱下半身偏大的感觉。（如图I）

凸肚体型

凸肚体型，往往是中年女性的象征。年轻女性如若属于这种体型，就会有“年龄看大”的感觉。所以，应以适当的穿着配套方法予以修饰。如上身穿宽肩的衬衫而下身着收腰式裙子，使整个体形形成“X”形；整套服装取深色或条纹面料；穿下摆比较尖的短外套；选择腰部折裥较宽的裤子和裙子等等。（如图J）

DRESSING DOOHICKEYS FOR DIFFERENT OCCUPATIONS

3. 不同职业的着装窍门

■ 一个上班族若连服装搭配都做不好，难免会给人是否连工作也无法掌握的错觉。恰当的职业装扮，可以为自己塑造足够的专业形象，补补个性上的缺陷。■

社会服务类

STYLE

以接近人群为基础的服务业，要博得人们的喜欢、好感与信任，适合具有亲切感的褐色或黄色等温和的暖色系，或是不具有威胁性、友善的无色系。基本上以裙子为主的套装比较能消除压迫感。

白色衬衫胸前的大蝴蝶结打破了深色套装的沉闷感，让好感度大幅提升。

米白色套装打造极具亲和力的职业女性形象，并利用花色丝巾来修饰颈部的空白。

行政管理类

STYLE

服装应以中性为主，体现自己的亲和力，体现沟通的渴望，款式要简洁，颜色最好以纯色为主，太过花哨的服装会影响到其他人的情绪、判断力和办公效率。这样的服装对于调节自我状态也十分有好处，给自己以冷静、有分寸感的心理暗示。

选择上班服装时更要注意细节与质感。看起来邋遢或是太柔软的服装，会降低他人对管理能力的信赖程度，而看起来昂贵的衣服，反而会提高对于工作能力的肯定。

立体剪裁让白色也显得利落服贴，搭配银灰色内衫和黑色手袋是关键。

深色修身款上装能够提升权威感，搭配浅色五分裤，避免距离感。

可爱的粉红色是甜美型OL的首选，细花呢华美，荷叶边、褶皱充满了灵气，缔造亲切印象。

将传统职业上装的锐利直角换成亲和感的圆角，搭配飘带衬衫使上半身更迷人。

文员秘书类

STYLE

穿着款式大方、裁剪合体的职业女装是文员秘书类女性着装的基本要求，这样一方面能够表现自己的身份和地位，另一方面还能增加别人对你的信任度。强调多功能和多变化的服装组合是文职服饰着装的重点，最好是既表现出职业女性的优雅、大方，又显得利落。而体现现代感的单品搭配也是不能忽略的重点。

办公室里的着装色彩不能太艳，否则会影响别人的注意力，配戴过多明晃晃的饰品容易给人不安定的感觉，影响工作。适宜的色彩应该是柔和淡雅清丽的，这会给人一种舒适稳重容易接近的感觉，灰色是此类最好的选择。

办公室内服饰饰品应选择小巧的不张扬的天然东西，黄金和K金太俗。饰品只是点缀，多了就会滥，一般耳朵上佩一枚小巧的耳坠，脖子里挂根纤细的颈链，手指上戴一枚结婚戒指就行了。

公关业务类

S T Y L E

与男性业务正统、职业的装扮不同，公关业务类女性的着装要表现得有亲和力，服饰比较随性才能营造一种轻松愉快的氛围，而连衣裙正能适应这种场合需要，用夸张的饰品或与饰品重叠搭配提升个性锐度，是首选着装。

出去拜访客户的时候，不论公司的经营内容是什么，给人稳重踏实感是首要的，稳重的色调和款式是经典装扮。

集中展现女性柔美感的荷叶边、皱褶、蝴蝶结，让亲和力大幅上升，闪亮的配饰是绝佳点缀。

作为创意人员，在平常的衣着上自然也不能忘记创新。别出新裁的搭配充分张扬个性。

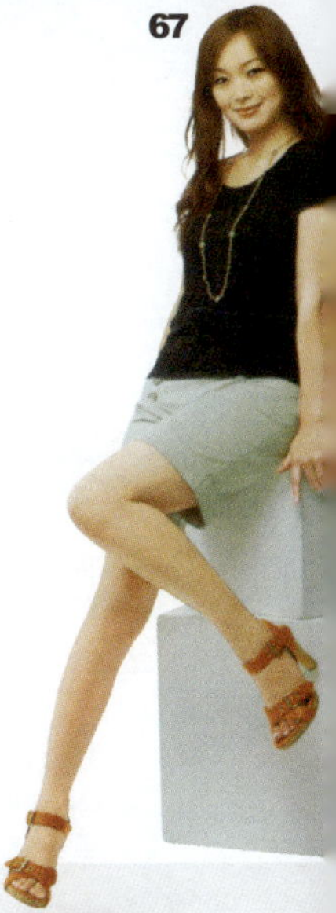

学术研发类

S T Y L E

学术研发领域以男性为多数，OL若太在服装上面表现强烈的女性特质，反而会让人有想要利用性别差异取得工作利益的嫌疑。因此，在这一类行业当中，中性却又不会太强势的服装，能让你的好感度加分。

创意设计类

S T Y L E

从某种角度上讲，这些行业对服装的要求不是很严格，随意性很大，你的穿着可以很本色，张扬自己的个性和创造力，对于颜色也没有什么固定的要求，同色系、不同色系均可，可以很正式，也可以很自由。

中性装扮略带少许女性特质，十分讨巧。用短袖T恤搭配及膝纱裙也是不错的手法。

DRESSING SKILLS FOR DIFFERENT OCCASIONS

4. 各种场合的着装攻略

■ 随着社交生活的丰富，参加酒会和派对已成为公司白领的家常便饭。在不同的场合氛围下，需要不同的服饰来协调。就是在同一场合，也会因不同的要求而需要穿着不同服装。视场合调整自己的服饰时也要考虑自身的个性因素，也就是说，无论在什么场合，假如你的服饰符合了环境，但不适合自己的体形、职业、身份等，同样会浑身不自在。于是，如何解决不同场合着装问题也摆在了我们面前。以下我们把不同场合的服饰分为正式场合和非正式场合两部分来分析。■

正式场合

在正式场合下，力求简洁化的装束、统一的色调是明智的搭配方式。在一些特殊的场合，除考虑肤色、体形、个性因素之外，还需考虑职位、工作性质、年龄因素等。

求职面试

千万别小觑面试着装的技巧，要想在高手如云的竞争者中脱颖而出，首要任务就是获得一个机会，让面试官对你心生好感并产生进一步探究的欲望。无论你平时以什么样的装扮示人，但进入了职业领域，你的装扮就必须与你的角色身份相符。因为，你的装扮代表着公司形象，而远远超越了它们对你本人的意义。

在应聘大型企业或是金融界时，黑色、灰色等优雅利落、较沉稳色系的套装是首选，它们容易给人留下干练朝气、充满亲和力与感染力的印象。如果觉得色彩过于单调，可以选用简洁大方的亮色丝巾、胸针等作为点缀。时尚界的面试，则要穿出品味和个性。

面试着装虽然不能随意，但也不能完全丧失自己的风格。遵循行规固然不会出错，但却也会让你淹没在人群里。以众人认同的和谐合拍为前提，再加上符合个人特殊气质的风格画龙点睛，让面试官认同之余略带“惊艳”，那么你的着装水准就又上升到了一个新层次。善用小饰品，并且能够灵活搭配不同的颜色，可以给面试官眼前一亮的效果。简约的首饰、腰带、胸花等和谐搭配，能为你带来意想不到的效果。

深色套装内的白色吊带衫是造型重点，蕾丝边带出优雅气质。

浅色统一造型，领口微露的内衫和蝴蝶结系带的黑色制造跳跃感，给面试官充满活力的印象。

除了以上要点外，还有一些需要注意的细节问题，如着装整洁、服装档次等都是需要考虑的问题。整洁性自然不用讲，对于服装的档次，建议不要选择太高档的服饰，否则会给人炫耀财富的感觉。当然，如果面试的职位身份特殊，则另当别论。

宴请客户

宴请活动一般都和商业活动连在一起，所以穿着的服饰稍微做一点变化即可。宴请客户最重要的就是要做到礼数周全，以表示对客户的尊重，服饰可以选择偏于保守的款式，尽量不要露出腋窝、大腿，尽量不要选择透明感强的服装。款式应讲求细节的设计感。但着装最好要有自己的风格和品位，不要盲目跟随流行。

除了合宜的服装、适当的彩妆之外，整体的饰品搭配也是相当重要的。例如皮包和鞋子时常是被人忽视的重点。我们常可看到一个情景是：一身剪裁合宜的服装，却搭配一个粗糙的皮包和平底鞋。这样很容易显得格格不入。 所以，此时此刻，不妨将重点摆在皮包和鞋子上，皮包应精致、小巧一点，鞋子则至少是三寸高跟鞋。

高级酒会

首先要仔细阅读邀请函。请柬上一般会注明酒会的性质和着装要求，了解酒会的主题对你的着装很有帮助。穿着应适合场合是基础，如果这点都没做到，那对于你来说很有可能是场“灾难”。

高级酒会上的服装必须与来宾们的衣着相协调，可以穿两件式套装或礼服，但不宜裸露过多。如果你想穿着长裙晚礼服，长裙最好是用无花边布料做成的，不至于显得过分华丽，而且能使你流露出温柔的气质。上半身可以打扮得华丽些，搭配低胸露背款式，或搭配丝质罩衫，都能搭配成不同晚宴款式的礼服。

佩戴首饰要与服装协调。项链最好是双线的，大一点的耳环或珍珠耳环也很不错，一枚花卉式的胸针就更装点出你的华贵了。

提包必须是小型的，肩式提包、袖珍小皮包都可以。皮鞋也要与服装相协调，这种正式场合要穿高跟鞋或半高跟鞋。检查一下自己的指甲，不能染得太浓，须在一天以前上好色。

参加宴会，香水必须比平常擦得更靠下方。如果擦在颈、耳附近，温热的空气向上飘散时，香气也会跟着浮上来，为了使香水柔和不致刺鼻，应该擦在比腰略低的地方，可以擦在摇动的部位，如脚、脚踝内侧、裙摆等处。

胸前设计新颖的黑色内衫改变了上装的平庸感，七分裤侧边的系带打破沉闷感，让亲切度UP。

黑色小礼服优雅高贵，搭配项链的光泽，优雅和力度兼备，即使出入高级酒店也不担心失礼。

轻盈的材质、摇曳的裙摆散发浓浓女人味，高贵的紫色和经典的黑色塑造酒会上的女主角，精致的配饰更加惹人注目。

非正式场合

在非正式场合下，都希望轻松、舒适，不用穿着明显象征身份的服饰，要尽量适合都市流行气息，充分发挥服饰搭配的个性。色彩宜明亮些、丰富些，多用米色、土黄色、浅紫蓝色、灰绿色等。上下衣着的色泽如果比较接近，会给人有素雅的印象；如果对比明显，会产生一种有活力、有弹力的感觉。

逛街休闲

逛街时的着装不一定要赶时髦，因为街上到处是流行的服装，多一个你并不会引起别人的注意，何必亦步亦趋地跟着别人走呢？只有在简单而普通的服装上别出新意，融进自己的风格，那才叫棋高一招。一般的规律是：线条、款式越简单越好，颜色以统一协调为准则，这样可显得高雅大方。

衬衣款长衫搭配白色内衫、短裤适合职场。利用飘逸的丝巾束发，即刻变身休闲造型。

外出旅游

旅游时一定要轻装，因此，带的衣服以实用为原则，容易起皱、较娇贵的衣服最好别带，因为旅途中没法伺候它们。无论春夏秋冬，旅游时都可以穿旅游鞋，它轻便结实，不管是山地或坡路都能行走自如。

朋友聚会

朋友之间的聚会一般是为了庆祝节日或者联络大家的感情而举办的，这时候远离了繁重的工作，正是展现自己个性的最佳时机，可清新、可活泼，也可优雅，在朋友的面前，可表现自己最真实的一面。

TO MATCH YOUR DRESSING WITH GRACEFUL MAKE-UP

5. 让妆容为你的着装调色

■ 妆容色彩与时装色彩的搭配至关重要。要先抓住服装整体的意象，再来决定妆容。例如，穿在身上的整套服装如果是比较严肃的，则唇膏可选给人以轻快感的颜色；如果服装是印花图案的，则唇膏可选印花中的主要色彩。服装、唇膏用同系色可产生优美感，对比色则可产生轻快、活泼感。■

黑色服装

基础妆：自然色
眼影：金色
眉：咖啡色
睫毛：深咖啡色，
胭脂：无胭脂，可在使用底妆时，加深颧骨下方阴影
口红：橙红、砖红、含金粉的唇彩（重点：用同色唇线画出性感嘴唇轮廓）
效果：稳重大方，气质高雅
使用场合：上班或普通约会

白色服装

基础妆：自然色
眼影：银色、粉蓝、粉绿、粉红
睫毛膏：黑色
眉：深灰
胭脂：浅粉色
口红：浅玫瑰色、浅桃色、含银粉的唇彩，透明唇彩
效果：清纯可人，有朝气
适用场合：所有场合

紫色系服装

基础妆：象牙白
眼影：银色，紫色、深紫
睫毛：深紫色或黑色
眉：咖啡色或深紫
胭脂：浅玫瑰色
口红：玫瑰色，薰衣草色。如果眼影是烟薰效果，嘴唇则用无色透明唇彩或浅紫色的唇彩
效果：女人味十足

蓝色系服装

基础妆：象牙白
眼影：银色＋浅蓝色、粉红色（蓝色较深时用浅紫色）＋粉蓝色
睫毛：深蓝或黑色
眼线：白色下眼线（内眼角处）
胭脂：浅桃色
口红：浅桃、浅玫瑰，可用带有银粉的唇彩
适用：上班及约会

咖啡色系服装

基础妆：自然色
眼影：咖啡色系、豆沙色、绿色、橙色
睫毛膏：深咖啡色
眉：咖啡色
胭脂：偏橙红
口红：橙红、砖红、含金粉的唇彩
效果：文静雅致，有品位
适用：所有场合

粉红色系服装（含桃色、玫瑰红等）

基础妆：象牙白
眼影：蓝色、粉红，或者不用眼影，只用粉底将眼睑打亮
睫毛：黑
眼线：黑，这样可以压住粉红，使眼睛不浮肿
胭脂：浅桃色
口红：浅桃、浅玫瑰，透明唇彩
效果：可爱
适用：逛街，运动

DIFFERENT DRESSING FOR FOUR SEASONS

6.着装也花开四季

■ 四季的转换让办公室女郎的着装也随之产生了变化，为了应对高低不一的气温，在各个季节，OL们穿出了万种风情。■

春美人择衣要点：

春季着装的三大要点：一宽松，二柔软保暖，三色彩斑斓。

★尝试选择白色、淡粉色和淡蓝色

流行的白色和带来春天感觉的淡粉、淡蓝色是春天的经典色彩。

★重视带来春天气息的围巾

活用春色围巾能够让全身的搭配都展现出最大的不同。

★将五分裤和短款夹克穿出成熟感

可以为成熟的五分裤搭配甜美感觉的鞋子；短款夹克搭配牛仔裤则很有成熟味道。

★选择条纹上装

粗条纹可削弱膨胀感，活跃整体，再选择清爽的颜色就能挑战春天的海军风格。

夏美人择衣要点：

尽量选择纯麻、纯棉、丝绸类材质，不仅迎合潮流口味又具有极佳的降温功能。

★在背心、吊带衫外面套上薄夹克

这样就能让很多漂亮的背心和吊带衫出现在办公室的气息了。

★选择透气面料和线条硬朗的设计

这样的衣服简洁明快，看起来很精神并且很凉快。

★准备有领子的上衣

针织感觉的上衣，也应该选择有领子的，看起来更有职业感。

★掌握四个梦幻夏装关键词

清晰的肩部线条；清爽的“一”字形；适度的露出锁骨；凸显胸部线条。

★适合办公室的无袖衫

一件无袖衫就能轻松塑造精明干练的办公室美女形象，成熟优雅的造型同样适合外勤。

秋美人择衣要点:

秋天着装应注意温度变化，及时增减衣物，以免受凉。小外套、针织衫是这一季的必备款。

★改变材质是潮流之选

天鹅绒吊带衫和短袖针织衫是秋天的首选。

★西服式夹克

应选择在腰部和袖口有特殊设计的修身款式。

★复杂的上装用牛仔裤平衡

例如，天鹅绒夹克搭配哥特式吊带衫，含有多种流行元素的搭配应用牛仔面料来平衡。

★准备一件百搭的开衫

秋雨过后降温了，开衫既优美又保暖，搭配自如。

★用高品质的饰物提升品位

高品质的饰物不仅可以表现成熟气质，也能提升品位。

冬美人择衣要点:

冬季着装须注意保暖，同时又要显瘦。整体着装要有暗色和亮点，也可以从款式上将女人味小女生气质结合。

★艳色由配饰来实现

Ol的日常服装都是基本色，所以要用颜色活泼的配饰来提升流行感。

★腰带一定不能少

无论哪种穿衣风格，都应该要有一条别致的带扣袢的腰带。

★裤子要有中央裤线

贴身、带有中央裤线的裤子才能穿出优美腿形。

★苏格兰粗呢要“薄”

选薄的苏格兰呢才是时尚的。

★巧穿鱼尾裙和天鹅绒

美臀又美腿的鱼尾裙很容易搭配；而天鹅绒和丝绸从秋天就开始流行，但不要全身都穿，穿得巧很重要。

★MIX比MATCH更吸引人

掌握好平衡感的MIX穿法比全身风格统一的MATCH穿法更吸引人。

CLOTHES THAT COORDINATE WITH SHOES AND SOCKS

part 3 服装与鞋、袜的精彩搭配

得体的鞋、袜搭配，让 Office Lady 职业中透出丝丝女人味，干练又不失优雅。无论是奢华闪亮的漆皮高跟鞋，还是低调优雅的鱼嘴鞋，都有它独特的搭配法则。一起在鞋袜天地中找寻专属自己的色彩和款式吧！

MEAN POINTS FOR CLOTHES AND SHOES COORDINATION

1. 服装与鞋的搭配要点

选择与上装色调一致的高跟鞋，让整体视感达到完美和谐。

一套考究的服装，一定要有一双相配的鞋子，否则就不够完美。衣鞋搭配最主要的是要考虑鞋子与服装的色彩、款式、质地相配。

颜色与服装协调一致：一般来说，鞋的颜色与服装的颜色相同或相近比较好，穿起来显得协调。如穿冷色服装，鞋的颜色应选用黑色、灰色、蓝色；穿暖色服装，鞋的颜色应用紫红色、土红色、棕色、米色等；穿浅色服装一般大多用浅色的鞋。还有将鞋与配饰相配的，如鞋与腰带、背包的颜色一致，造成服装整体和谐的效果。假如没有与服装搭配得当的鞋子，最好选择黑色的鞋子，因为它与各种颜色的服装相配都较适合。

穿对样式：即穿什么式样的衣服，就穿相应式样的鞋，鞋子的款式应随服装的款式而有所变化。近年来，直筒裤、牛仔裤、美琪裤等瘦型裤流行起来，皮鞋的造型也相应地由原来比较宽厚的鞋向圆头或尖头发展，跟矮而秀气，鞋面带有各种金属饰物，大受女性的青睐。时装鞋、运动鞋、健身鞋等，也因穿着舒适，能与时装、运动装协调相配，倍受人们喜爱。穿牛仔服装，可穿运动鞋，给人健康、青春的感觉；也可以配长靴，体现时尚感觉。夏季穿裙子，可穿凉鞋、瓢鞋；冬季穿裙子可穿长靴。穿休闲服自然该穿休闲鞋。

与服装质地配套：身着人造棉服装，配一双富浪漫色彩的细带、细跟、尖头皮鞋，以显得轻快、优美；如果是上班、逛街或去公园，就穿一双低跟便鞋与坡跟鞋，既轻便又舒适。

鞋跟造型与裤脚大小相配：鞋跟又方又粗，适宜穿喇叭裤。脚登裤适宜穿鞋帮造型漂亮的高腰鞋。

鞋包色调、细节保持统一是最不会出错的搭配。

INFORMATION OF HIGHHEEL SHOES CHOICE

2. 皮鞋选择必备知识点

■ 步入职场之后，皮鞋就应该成为你衣橱中的必备品了。下面介绍了高跟鞋、平跟鞋以及比较特殊的鱼嘴鞋和漆皮鞋。■

高跟鞋

俗话说，鞋穿在脚上，舒不舒服只有自己知道，对于高跟鞋而言，更是如此，要兼顾美观及舒适，并非想象中的如此容易。所以，以下我们为你拟出挑选高跟鞋的必读攻略，让你对号入座，选出最适合你的那一对。在选择高跟鞋的时候，有两个必须参考的因素：鞋跟的高度和鞋跟的款式。

鞋跟的高度

入门级： 5～7厘米。通常来说，5～7厘米是最受欢迎、最安全的高度，特别是5.5厘米的鞋跟，性感、易行走，就算是偶尔需要狂奔的时候，也能够轻松驾驭。

进阶级： 10厘米。10厘米的高跟鞋很具诱惑性，尤其是细跟晚装鞋，大多都维持在这个高度。不过，要在10厘米的高跟上行动自如，不是所有人都能办到的。但你也可以选择近年来流行的前面垫高的粗跟款，能够减少不安度，也显得很优雅。

专业级： 14厘米。近年来坡跟鞋的大热，令高跟鞋屡创新高，14厘米超高跟鞋，是被设计师认为最适合与超迷你裙搭配的款式，它能够令全身线条更加修长，产生超性感的魅力。若不想太过性感，也可与宽腿裤搭配，产生高挑挺拔的视觉效果。

▶细跟的白色蝴蝶结高跟凉鞋，让身材更显高挑，与粉色连衣裙共同制造甜心俏佳人。

▶宝蓝色的缎面高跟鞋，与旗袍的绝配。

▲坡跟令你即使长时间行走也不会累。

▲纤细的鞋跟挑战你驾御高跟鞋的能力。

鞋跟的款式

细跟：传统的细跟最能体现出性感的女人味，但对穿者的要求也较高，腿部太粗、足形不够纤细的女性穿起来都不会太好看。

坡跟：如熨斗般夸张的款式最适合与迷你裙搭配，能令双腿显得更为修长。但如果感觉太笨重，也可选择前面薄后面高的款式，比传统的高跟鞋穿来更舒适。另外，将坡跟鞋挖空的设计，则是令它看起来轻盈的极佳创意。

粗跟：粗跟几乎是最为百搭的款式，穿起来不会摇摇欲坠，也较为舒适。唯一的缺点是看起来略显笨重，选择粗跟时应尽量选择跟型较高的款式。

▲弧度特别的鞋跟有缓解脚掌压力的功能。

▲前脚交叉的设计，能让你的脚得到更周全的照顾。

漆皮鞋

质感与触感都十分独特的漆皮鞋是女人衣柜不可或缺的单品，它有着不退流行的特质，更有整体搭配上的加分效果。深沉色系的漆皮低调贵气，亮色的漆皮则炫丽耀眼。一双漆皮鞋是时尚OL必备的春夏单品，显示出超强的时尚敏锐度。

亮色漆皮最适合热力十足的青春装扮。不过，在服装色彩上，如果不能选择与鞋款同一色系的话，最好尽量选择黑白基本色才不会出错。

不管你的鞋款再怎样简单，只要换成漆皮，立刻就充满了时尚感。尤其是穿上严谨的职业套装时，搭配一双黑色或深紫色的深沉色系的漆皮高跟鞋，是在强硬中显示女人味的至佳选择。

大热的复古风格，同样也需要漆皮的陪衬。但漆皮的搭配需要相当的技巧与手法，如果没有把握，最好采用重点式的点缀方式，全身上下只用一件漆皮的单品，来强调其特殊性。

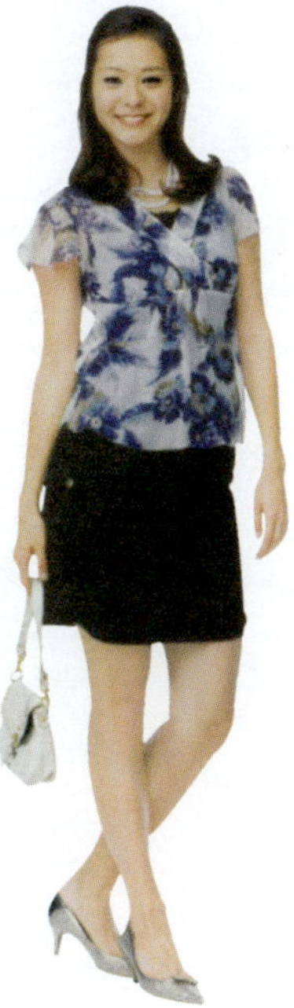

◀ 百搭的黑色尖头鞋可以搭配任何颜色的正装，是OL的必备款。

◀ 闪亮的漆皮与光泽感的衣装达成视觉上的平衡。黑色是百搭色。

◀ 光泽感的鞋子最适合与同色系包包组合，让整体搭配更具看点。

平跟鞋

平跟鞋有着淑女般的温婉，又有着舒适的懒散。希望平跟鞋也能拥有高跟鞋的十足女人味，运用一些别致造型与潮流色彩就能轻松解决这个问题。一双漂亮又舒服的平跟鞋，一定能让你的双脚好好地休息一天。

▶舒适的平底鞋无论是在飞机上还是路途中都很适用。

鱼嘴鞋

所谓鱼嘴鞋就是指鞋头顶端有一块鱼嘴形镂空，刚好裸露出一两个脚趾的设计，又叫“露趾鞋”。它是如今最热门的鞋款之一，这也是怀旧风的又一次复兴。鱼嘴鞋其实就是20世纪50年代曾经流行过的露趾高跟鞋，最大的特点是脚趾“若隐若现”，整双鞋子露出两个脚趾，藏了三个脚趾，既带几分性感，又不失端庄优雅，尤其适合前脚掌有点宽的女性。

鱼口鞋更斯文、复古，可搭配连衣裙、正装及膝裙、百褶裙、A字裙等，适合时尚职业女性的穿着。你觉得办公室里细带露趾凉鞋多少有失端庄，那搭配正装便装总相宜的鱼嘴鞋就正好大派用场了。

穿鱼嘴鞋时，最好不要搭配丝袜。同时还要注意，要事先把脚部的皮肤和脚趾甲保养好，最好涂上指甲油。买鞋时一定要耐心试穿，看看鱼嘴部位是否磨脚。

◀蟒纹鱼嘴鞋与蟒纹提包联手，展示一个野性十足的另类OL。

▲可爱的粉色和天蓝色，塑造职场新鲜人形象。不同尺度的鱼嘴可供不同脚型的女性选择。

MEAN POINTS FOR CLOTHES AND SHOES COORDINATION

3. 皮靴与服装的搭配

各式各样的靴子也是OL不可缺少的单品。因为靴子，女人们不必再被厚重的裤子和款式单调的鞋子所束缚，不必因为身材不够修长纤细而烦恼。

一般人穿靴子都喜欢穿裙子，平底靴最好配薄裙子，高跟靴最好配上裹得很紧或有开叉的裙子。穿靴子最好不穿袜子。理想的是裙子和靴子中间留出一段皮肤；穿中统靴时，可穿中长袜，或不透明的长统袜。穿男性化的长裤时，应配平底靴，穿窄形裤则配长统靴最适合。

靴子以黑色最好，可以搭配不同的服装。黑色可有各种质地，发亮的牛皮靴最受欢迎，同时毛毡子、粗呢也不少见。

靴子对腿形的要求很高，因此，一般人要想找到理想的靴子很难。但只要学会小小的技巧，一样能把靴子穿得美美的。膝盖外翻的人，建议穿高跟靴，同时用宽大裙子遮住膝盖；如果腿部不细长，最好放弃半筒平底靴，因为它们会使你的腿显得又粗又短，最好穿上高跟、到膝盖的紧身长统靴；小腿太粗时，应该放弃那些又长又紧的僵硬牛皮靴；小腿太圆时，应选择一些设计灵巧的靴子，如靴子两边有皮筋，或收口两边下凹的半筒靴；如果脚踝粗、腿肚细，宜穿短统、喇叭口靴，上方收口呈圆形的靴子。

长靴：长度到膝盖下面的靴子比高筒靴更加时髦，穿着时要配上半透明的打底裤，或者配短裙、短裤。

中靴：最好配短裤或短裙。

▶明线镶边的拼接手法让靴子具有几粉工装效果，也增添看点。

◀漆皮中靴经过铆钉的演绎，更具个性。与光泽感的上装也极为匹配。

包住脚脖的短靴：个性化设计可以让腿部产生更加纤细的视觉效果。不过，这类短靴很难遮住腿部缺陷，但穿上黑灰色系的长袜或打底裤的话，效果会好很多。

包住踝骨下方的短靴：整体看上去会给人一种轻巧感。但是小腿较粗的人得尽量避免穿，因为这种设计会更加突出你的缺点。

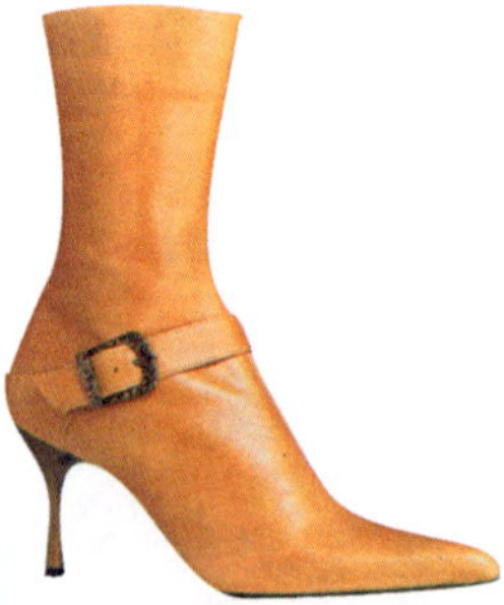

平跟靴既保暖又不累人，不论成熟装扮还是帅性装扮都相宜。

◀流苏的加入是细节亮点，尖头设计散发浓浓女人味。

◀5厘米左右的鞋跟是兼得舒适与轻盈的关键。

◀低帮短靴巧妙拉伸小腿线条，花型装饰和带型装饰低调彰显个性。

MEAN POINTS FOR CLOTHES AND SHOES COORDINATION

4. 休闲鞋如何搭配服装

■ 拥有一双柔软舒适的休闲鞋是无比惬意的事情，但休闲鞋与衣服配搭得宜才能塑造出潮流品位。休闲鞋配仔装、运动装往往最为合宜，著名影星莎朗·斯通就是常以皮夹克＋牛仔裤＋休闲鞋的随意状态示人。一双休闲鞋释放着正装之外的风格，以不一样的感觉让你变得自由、自然、自我。■

▲半休闲的款式适合上班穿着，也适合日常穿着，是精明型OL的佳选。

▶休闲鞋与蛋糕裙配合，也能打造运动型美女。

USEFUL REGULATIONS OF SOCKS COORDINATION

5. 袜子搭配的实用法则

■ 袜子除了具有保护我们的双脚、减少与鞋子之间的摩擦、吸汗除异味的功能之外，更多地充当了服装搭配中的配饰角色。■

一般来说，袜子按照袜筒的分类可分为长筒袜（连裤袜）、中筒袜和短袜三种，每一种长度的袜子都有对应的搭配原则，有时裸露太多的腿部并不是明智的做法，如果搭配不当很容易闹笑话，下面我们就来分别说说搭配的细节。

长筒袜、连裤袜

长筒袜是最普遍也是最简单的搭配裙装的袜子款式，无论何种长度的裙子都可以配各种颜色的长筒袜。但特别要注意的是，在穿着正式的职业装时，一定要搭配和肤色相近颜色的长筒袜（连裤袜），不要选择短款的袜子，这是职场着装最基本的原则。如果你不喜欢连裤袜通身包裹的不舒适感，可以选择用袜带固定长筒袜的边缘以免脱落。

中筒袜

中筒袜又以膝盖上下分为两种款式。膝盖以上的中筒袜可以在穿着背带短裤、超短裙时搭配高跟鞋或短靴，既使得裸露的腿部不那么突兀又使服装搭配有了新的风格。膝盖以下的中筒袜可以在冬日里选择有花纹装饰的袜子搭配长筒靴或用黑色的毛袜搭配短靴，看起来会令你脚上的鞋子变化多端。不过中筒过膝袜在搭配时要注意场合和服装的选择，否则效果会适得其反。

短袜

短袜应该是使用频率最高的袜子款式了，丝质的短袜搭配长裤，棉袜搭配运动鞋。但是关于短袜有两点特别注意。第一，丝质短袜不要在穿裙子时穿着，因为无论你的脚上穿凉鞋还是船鞋，袜边都会不可避免地暴露在脚踝上，这种穿法按平时的说法就是“土”，实际上就是与本身的搭配很不协调，所以一定不要这样穿短袜，如果夏天就干脆不要穿袜子好了，涂上指甲油穿凉鞋会更好看。第二，如果是运动鞋就搭配船形袜，不露袜子穿运动鞋才是正道！

除了以上三种基本的袜子外，现在还流行一种称为Legging的贴腿裤（也称为“打底裤”），和连裤袜相近，只是没有脚部的袜子，并且分为七分、九分等款式。关于Legging的搭配，特别要注意自己的腿型，尤其是小腿较粗的MM还是选择裤装来弥补腿部的缺陷比较好，因为紧绷的Legging会使小腿粗壮的线条暴露无遗。小腿比例较短的OL也不要轻易尝试，因为长至脚踝的Legging再搭配平底鞋简直像噩梦一般。至于带各种花纹甚至蕾丝的Legging，如果你不是明星最好还是不要选择那么出位的款式。

◀格纹裙结合半截袜，为沉闷的办公室带来一位活力充沛的新成员。

◀特别的菱格袜让人眼前一亮，黑色呼应配饰的色调，构成协调的整体。

小网格的网眼袜，性感却不张扬，参加Party和通勤都适宜。

ACCESSORIES TO UPGRADE YOUR DRESSING

让配饰为你的着装锦上添花

part 4

迷人的服装少不了配饰的点缀。它们不但可以帮助树立自我风格，更可装饰、进而改变整体装束，让整体造型更添亮丽！但饰物不宜铺张，以简洁得体为高，最忌繁复杂乱。出席不同场合的衣服，有不同的配饰选择要领，这样整体造型才能最完美。

CHOICE AND COORDINATION OF HANDBAGS

1. 手上风情——手袋的选择与搭配

■ 手袋是女人的时尚道具，不仅有搭配和装饰的效果，而且还能显示女人的气质和风度。因此，掌握一些基本搭配原则十分重要。■

单肩包

单肩包有OL、休闲、淑女、潮爆等风格，是时尚界的宠儿，街拍明星也少不了单肩包！

单肩包大多数女士都会随身携带，内装手机、钱包、化妆包、钥匙、纸巾等。它的款式品种繁多，有高档的牛皮包、猪皮包、羊皮包、鹿皮包，有亮皮的，也有反皮的。包的颜色大多是棕色、黑色、绿色，也有不少是白色的，这一类皮包主要搭配一些女性感较强的套装、套裙。在色彩搭配上，包的颜色可与鞋的颜色相同，比如穿蓝白条上衣，下着蓝裙子，小包袋和鞋的颜色选用白色，看起来很清爽；也可以与服装的颜色相搭配，如穿米色服装可配棕色包，穿冷色服装配灰、蓝色皮包。在夏天可选白色的藤织或草织手袋，与深蓝、深红、墨绿色的服装搭配，显得风韵有致；如果配上粉红、浅黄、浅紫色服装，可显出高雅的气质。

◀红色羊皮包，运用铆钉增加硬朗味道。

◀轻便材料带来轻松好心情，橘红+米白+可爱的造型+花饰点缀，适合夏日上班用。

▼ 波士顿包，大气的款式是职业女性实用的单品选择。

手提包

手提包同样也是女人衣橱里永远都缺的下一个物品，得到了这一个还惦记着那一个。无论品牌，无论价格，永远都像潘多拉魔盒般，魅力无限。时髦衣服一定要有得体的时尚手提包来相配，这样才能让自己的装扮够新潮够漂亮。

晚装包

参加高级晚宴和时尚派对的时候，晚装是必不可少的惊艳扮相，而与晚装搭配的"利器"除了首饰、手表、鞋子，还有非常关键的一样装置——晚装包。作为晚装的最佳搭档，晚装包就如同一个完美配角，无论颜色、款式还是材质都将派对女主角烘托得恰到好处。晚装包一般为手握式，在社交晚宴上，最时髦的晚装包款式是长方形的简约风格，其次是荷包形的复古风格。

晚装包的选择因人而异，如果经常参加一些较正式的商务派对，准备一款黑色、棕色、透明的软皮或者水晶晚装包就可以了；如果你经常参加时尚晚宴，就要根据你的晚装搭配晚装包，但选择经典款绝对没错。

◀ 精致细腻的压褶与串珠结合，为你的华服更添光彩。

▲ 鱼鳞片装饰和蝴蝶结让提包华美度即刻提升百分之两百。

斜挎包

现在人们在日常生活中追求一种自然、轻松的气氛，休闲味道浓厚的斜挎包便应运而生。格子布、帆布、花布与皮革随意组合，红、黄、蓝等色彩任意搭配，都可制成洒脱、无拘无束的休闲包。这类包与职业装、职业休闲服都可搭配出随意而典雅的风格。

钱包&卡包

钱包是日常生活中最重要的小包，因为经常带在身上，首先手感要好。钱包有令人眼花缭乱的色彩，有长中短不同的规格，有拉链、钉扣、帆布、皮革多样的款式，一款既适合自己的身份又体现自己个性的钱包，才能体现个人的时尚指数。选择钱包的时候，与平时穿衣服的风格一致是最好的。

女士专用的卡包可存放身份证、银行卡、名片及各类证件，做工精致，携带方便。

▼闪耀的金色让人轻松找回耀眼的奢华感，衬托出高贵大方的气质。

旅行箱包

无论是外出度假还是公务出行，一款合适的旅行包或者拉杆箱就如同OL最好的旅伴。它可以使旅行的物品安置得既有序又妥帖，漂亮的外观更可彰显个性和品位。

CHOICE AND COORDINATION OF JEWELRIES

2. 首饰的选择与搭配

服饰与服装配合时，要特别注意风格的针对性，高贵豪华的晚礼服就需光亮艳丽的金银首饰来映衬；轻松、简洁、面料高贵的直线时装，配上抽象的几何图案耳环和头饰，会有一种稳重温柔之感。现在连运动装也配上诸如球拍形的耳环这一类运动式首饰，使得运动更趋生活化。通常，黄金、白银及洁白的珍珠、透明的钻石等，均为万能的中间色，可与任何色的服装配用；而白玉、紫晶、海蓝、红宝石、翡翠绿等宝石首饰，则应根据时装颜色来选配。

与服装搭配的各种饰品一般不宜过多，否则会喧宾夺主，必须使其处于陪衬地位。此外，佩戴首饰还应该考虑首饰的质地和自己的肤色。较深的肤色配上质地为白银的首饰，会显得和谐稳妥；性格沉静的女性，配戴金色的首饰，能使人更觉高洁、文雅。一般说来，配上有一点颜色的珐琅首饰，会显得活泼、伶俐。此外，还要考虑首饰的款式和颜色。

耳环

耳环有两种类型，一种是插卷型，供有耳孔的人使用；另一种是螺丝型，供没有耳孔人的使用。

耳环要与脸型相配。圆脸型的女性应选方型、叶型、之字型、泪型等垂吊耳环；方脸型的女性可戴卷曲线条或各种圆型的耳环；尖脸的女性可戴能增加宽感的耳环，如三角型、大钮型、大圈型等夸张的款式。

项链

选择项链时，要考虑装饰的效果。如果要突出项链上的挂件，项链就不宜太长太粗；如果只想突出项链的美观，那就要注意其款式，一般选花型项链较适宜。

项链的大小应视人而定。脖子粗的，尺寸要大，反之要小。此外，项链的选择也应与服装的领式配合。颈脖短的女性，可选开V形或垂直敞开形，以拉伸脖子的视觉长度，然后再配上长而细的项链和一个小小的心形项坠，与V形领相配，露在领口正中，这样就更显颈长而苗条了。

戒指

如果手指肥大，应挑选起角和不对称的款式；如果是富有艺术气质的修长纤指，则适宜戴宽的戒指，若选择粗线条的款式（如方戒或钻戒），将会使你的手指更具吸引力。假如手形过大但指甲修长，那么戒指的分量也要相对加重，可考虑选用圆形、梨形或心形的戒指。

手镯手链

手镯为环状，多为玉石材质，也有金属（如金、银等）材质。现代的时尚手镯材质和样式更加多样化。桦木、琉璃、花岗岩等建筑材料制成的手镯，前卫而另类，透着十足的个性气息。木料手镯适合搭配棉麻衬衫，花岗岩和金属组合而成的手镯则更适合搭配正式的礼服裙。几何形状的手镯设计简单，可搭配牛仔裤，也可搭配华丽的礼服裙。

手链为链状，多为金属制（特别是银制），也有矿石、水晶等材质。做工精细、款式别致的手链集结了婉约细腻的美，更富情趣。贵重一些的黄金、白金的手链，讲究的是精致、纤细的、串花的铰链款式，丝缎一样优雅流畅，可为奢华衣饰增添高贵感。

CHOICE AND COORDINATION OF WATCHES

3. 手表的选择与搭配

钢带手表

机械手表适合那些追求大气以及个性的时尚女性佩戴，一些历史悠久的手表品牌每一年都会推出新款的机械表，以满足时尚女性对手表的热忱。在服装搭配上，机械表较为经典，适合与各种服饰，尤其是正装和商务装搭配。

皮带时尚表

皮带时尚表注重外形、色彩，丝毫没有运动表的粗犷，适合搭配多种服饰，在与正装和商务装搭配时，以深色较为适宜，否则会给人不严肃的感觉。

运动表

运动表的运动设计元素无处不在，与名牌运动时装的搭配会带来更多的时尚感。高雅的表款可以搭配运动型的服装，也可以与太空感服装以及狂野的毛皮服装搭配。

选择合适自己的手表，主要考虑两方面的因素：个人的基本色和体型。

首先是基本色。每个人有不同的基本色，大部分黄种人最适合的饰品色调是清晰、浓度高的清爽颜色，粉红、蓝、红等都能使人看起来容光焕发，魅力不凡。对于皮肤较白皙者，许多色调都可以作为基本色；肤色较黑者，不应该选择粉红和浅绿作为基本色；如果肤色偏黑甚至黯褐，咖啡色是万万不能作为基本色；肤色泛黄又矮胖者，不应该选红、黄二色；肤色灰黯者却应该选择比较明快的颜色作为基本色。从自己的肤色出发，选择了自己的基本色，就可以在购表时考虑到手表颜色与自己是否相配。

其次是体型。体型往往会决定一个人的气质，所以考虑体型也会将气质一并考虑。体型高大者应该选择大表盘的手表，造型与风格要略显粗犷，甚至可以选择军表这样的另类表型；体型较瘦小者应该选择表盘较薄小一些的表款；一般体型者容易选择，偶尔的大表款可以增加人的强悍气势，而小表款则可以显得谦逊内敛一些。

从基本色与体型出发，拥有自己合适的手表之后，你就可以按照手表的颜色、造型、价值、场合来精心搭配自己的服装。

CHOICE AND COORDINATION OF CAPS

4. 帽子的选择与搭配

▼密密的编织手法让针织帽显得精巧而简约，非常适合搭配修身款式服装。

帽子有惊人的聚光效果。巧妙地搭配各种帽子，能给人耳目一新的感觉。

色彩

对比色的组合是流行的关键，帽子与衣服色差较大时，有可能显得身材矮。帽子与衣服同色系，可给人修长印象。

帽子的色彩要看脸色修正，脸色偏黄不适合黄绿色调，可选灰、粉等色；肤色黑或白的人选色余地就比较大。

脸形

圆形脸 脸看起来不那么丰满，宜选用较长帽冠加上不对称帽檐，这样可以增加脸的长度，显得立体。

方形脸 显眼的帽冠和不规则的边，能使方形脸显得柔和。

长形脸 由于脸形的弧度比较狭窄，所以适度的帽冠显得尤为重要，切忌帽沿太窄。

三角形脸 由于下巴比较尖，所以非常适合高帽冠或短而不对称的帽沿，能让人忽略尖尖的下巴。

大檐帽搭配清爽色调的赫本式连衣裙，流露出公主般的高贵气质。

CHOICE AND COORDINATION OF SCARVES AND NECKERCHIEFS

5. 丝巾、围巾的选择与搭配

时尚潮流发展至今，丝巾、围巾的作用已经不再仅仅局限于保暖，它对搭配各式服饰营造出各种感觉起着举足轻重的作用。

矮小丰满者

矮小丰满、胸围较大的女性宜选用花样单纯、颜色较深、色调单一的宽松类针织丝巾（围巾），因为深色能缩小视觉感，可以起到收敛的作用。而身材瘦小的女性朋友宜选用花型款式简洁朴素、素淡雅致的丝巾（围巾），但色彩应选用暖色调的。

脖颈较长者

脖颈较长的人宜用宽松绕脖的丝巾，色彩要和上衣贴近。

肩窄或溜肩者

肩窄或溜肩的人，选用加长型丝巾（围巾），将两端斜搭在肩部向身后垂挂，视觉上会使肩部相对变宽些。

胸围小者

凹胸和胸围不大的人选用提花式样，质地柔软、蓬松，给人丰厚感的丝巾（围巾）为宜。

肤色较黑者

皮肤较黑的人不宜选用浅色调的丝巾（围巾），中性色偏深为好，而皮肤较白的人要选较柔和色调的。

用丝巾束住凌乱的长发，一丝不苟的精神面貌应对各种难题都不怕。

◀亮色镂空款围巾适合肤色较白的女士。橙色中夹杂着白色，使视感与白色上装协调过渡。

艳色丝巾点亮整体装束，为Office注入活力。

CHOICE AND COORDINATION OF GIRDLES

6. 腰带的选择与搭配

"X"形的轮廓是一个女性恒久、经典的追求，腰带便成为塑造"X"形必不可少的重点配饰。各种宽度的腰带都将找得到自己的位置。

细链腰带

以细细的金链串成的粗腰带起装饰作用。驾驭它有一定的难度，只有小腹平坦的人才能穿出它的美感，否则它会轻易暴露你的缺点。细链腰带搭配的服装裁剪一定要好，否则就会带来破坏的反效果。

宽腰带

将宽腰带束在外套或毛衫外，能修饰衣服的线条，并增添时尚感觉，同时能突出厚厚衣服下的纤腰。在这股潮流推动下，设计也比以前夸张，可更轻易束出自我风格。

缠绕式腰带

别具一格的超细加长的缠绕式腰带当属腰带中的"新兴一族"，有了它的"捧场"，女性的身姿更显窈窕。

男装腰带

从男装腰带改良而来，是永不退出流行的配件之一。搭配以由男装布料制作的女装裤或裙最为适合，只是不太适合衬托过于飘柔的布料。

磨砂皮腰带

磨砂皮的腰带与绣花牛仔裤都带着优雅的朋克风格，与黑色半透明上装共同营造狂野和精灵气质。

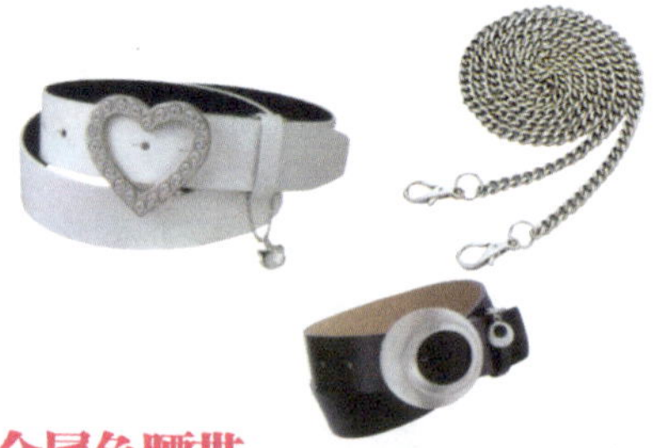

金属色腰带

光泽度低的金属色腰带是佳选，例如香槟金腰带。越耀眼的腰带越能突出腰部四周的身体缺点，还会令偏黄的皮肤变得难看。

品牌标志腰带

当身上穿戴了一条有品牌标志的腰带，便决不能再出现超过两样有品牌标志的配件，否则会略嫌哗众取宠。

铆钉腰带

西部牛仔饰钉做装饰的腰带，其亮闪闪的饰钉风格最适合与时髦牛仔搭配。

蝴蝶结腰带

它是高级隆重场合常见的腰带，最能突出女性的柔美。在日常生活中可选比较细的蝴蝶结腰带，而且任何服装都能与它搭配，包括你的牛仔裤。

花饰腰带

在腰带上加上不同的花饰带出浓郁的春夏特色。腰越细穿得越好看。但如果你的腰够细小，却有一个大骨盆，最好款式越简单越好，因而也不宜选花饰腰带。

造型简洁的黑色腰带很百搭，高雅皮质配大圆扣，打破近似色的沉闷造型，适合夏日上班用。

细链腰带搭配裁剪简单的下装，体现出文雅的韵味。

TO BE A MIX-AND-MATCH QUEEN

part 5 混搭女王 瞬间完成式

再没什么比“混搭”更个性化的潮流趋势了，它将时尚与经典、浪漫与庄重、奢靡与质朴、繁琐与简洁融合起来，利用混搭来彰显个性化的风格，就像魔术师一般，让毫不起眼的单品也光彩四射，演绎出与众不同的风采。只要巧用混搭，每个人都可以成为出色的造型师。

MIX-AND-MATCH SKILLS THAT YOU SHOULDN'T MISS

1. 服饰达人 不可错过的混搭技巧

■ “混搭”是指服装界将不同色彩、不同质地、不同风格的衣物搭配在一起，皮草混搭薄纱、晚装混搭牛仔、男装混搭女装、古董衣混搭新品……标新立异，颠覆传统，彰显穿衣者独特的品位和超然的态度。■

不同面料混搭

混搭精神可以体现在面料的混搭上，比如闪光面料用粗糙材质来中和，轻薄面料与厚实面料的搭配，柔软缎子、雪纺与粗硬粗花呢搭配，不同质料混搭组合，营造出非同一般的感觉，自成一派。

不同品牌混搭

不同品牌的设计师有着不同的风格和特色，如果混合起来，绝对能带出美感及创意。重点是要特别注意款式和剪裁。

不同式样混搭

同一件运动服，与时装混搭后能衍生出N种不同的风格。花点心思就能穿出个性来，这也正是时装好玩的地方。当然这些服饰的剪裁和设计都需要经过改良。而且，近几年运动装的界线已模糊不清，既是时装，又可说是运动服。

不同图案混搭

许多衣服的花纹图案很靓丽惹眼，如果将不同图案的衣服作Mix & Match，那就有千万的变化。混搭不同图案的衣服很有技巧，但更多的是要细心一点，多花点心思，多作思考和尝试。

不同色彩混搭

为了方便配搭，很多人的衣橱多以同一色系为主，一套套装、一件简单的酒会小礼服、一双细高跟鞋、一条休闲长裤、一双便鞋，再备数副耳环、胸针、丝巾（围巾）做变化，似乎就是万能的组合了。但其实撞色穿法，只要配衬得宜，看上去会更精神，甚至更出色。颜色鲜艳的衣服最适合用作Mix & Match，可搭配出不同的风格。另外值得一提的是，很多人在秋冬季都会穿一些沉色的衣服，其实这样是很沉闷的，所以千万不要将冬天衫与沉色画上等号，不妨大胆一点，穿得色彩缤纷一点。

不同风格混搭

当东方遇上西方，把东方元素非常巧妙地融入现代时装中时，碰撞出的火花总是令人惊叹不已。

不同季节混搭

最会穿衣服的人，深谙“人穿衣”之道，能够不受季节等条条框框的限制，随心所欲、左搭右配，夏季可以穿皮草，冬季可以穿雪纺，只要一切看起来自然，只做自己，融合时尚潮流和个人品位，这就是最佳的Mix & Match。

D.SCABIEUSE
INSTITUTE

Colors 不同色系 × 配出百变丽人

将多种颜色的服装混搭在一起，
有时反而能产生不一样的视觉效果，
原则是采用对比强烈、纯度相当的色彩。
但切忌用太多的颜色，
千万不要将自己包装成五彩斑斓的热带鱼，
全身上下的颜色最好控制在3～4种。

宽松的三分裙掩饰不住窈窕的身材，高雅的蓝紫色与热烈的红色围巾、项链、手镯构成鲜明的对比，再利用白色镶黑色蝴蝶结的高跟鞋和白色手镯、手提袋来调和整体色调，打造一个动感的OL丽人。

清新的绿色搭配白色和少量的黄、红，激发年轻感觉，显得朝气蓬勃。

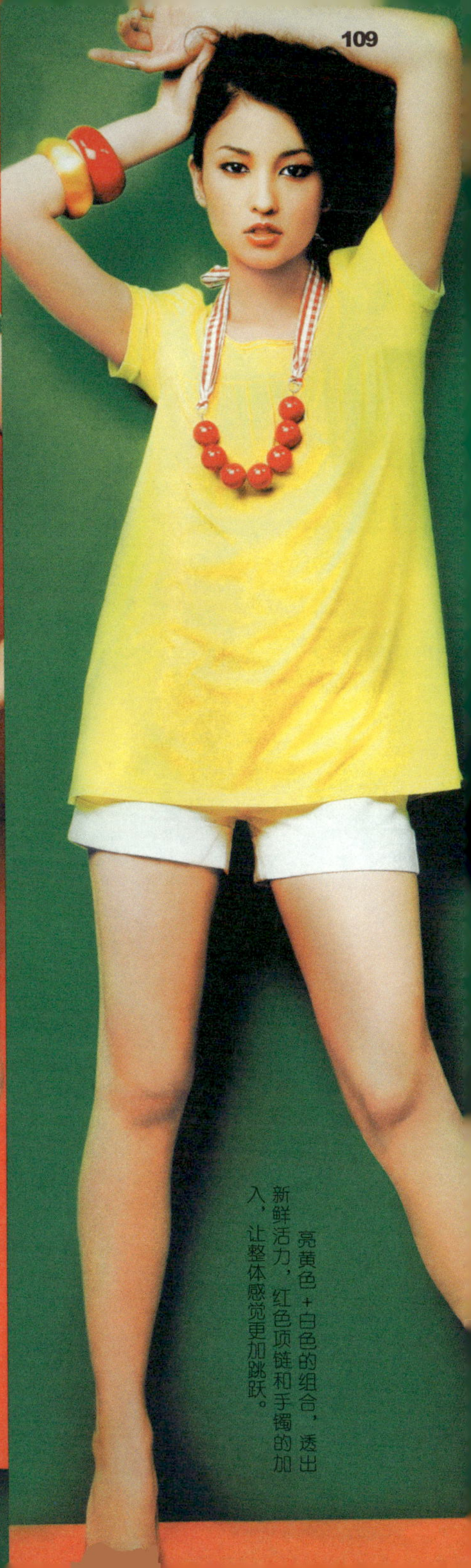

亮黄色+白色的组合，透出新鲜活力，红色项链和手镯的加入，让整体感觉更加跳跃。

Materials

不同材质搭配 × 彰显万种风情

独具匠心的创造，不恪守陈规旧律。
通过生活的灵感，信手拈来的想象，
创造出令人称奇的审美情趣。
最柔软的面料和最硬挺的面料搭配，
反而可以突出各种面料本身的材质特色。
但面料混搭要注意每一种面料的季节特征，
比如混羊毛的厚呢质料若与雪纺搭配在一起，
就会造成季节错乱的感觉。

纯棉印花长T恤、迷你牛仔裙、及膝长靴，演绎典型的街头Look，腰带和手链是最佳装点。搭一条千鸟格与条纹组合的蓝色围巾，可以巩固整体风格。

兔毛檐帽+皮草领+格子呢上衣+软牛仔裙，组合出温暖表情，迷彩挎包则点染出军队风。

Street Fashion

不同风格搭配 × 制造街头时尚

各种风格混搭是最无章法可循的混搭方式。
你大可以发挥天马行空的创意，
将衣柜中任何风格的单品翻出来进行重新排列组合。

采用多层叠加的方式来展现现代职场女性的穿着创意，合理的露肤度提升性感指数。

◀运动款与淑女款的结合富有新意，条纹帽带来海洋的气息，雪地靴则注入温暖感，混搭出春天的感觉。

▶灰色工装夹克与绿色吊带裙搭配，形成富有张力的色彩组合，再用民族风格的凉鞋来展现个性。

▶可爱的白色连衣裙，用亮色来衬托，更显甜美。灰色夹克带来温暖的安全感。

绣花吊带衫与时尚的铅笔裤混搭，让造型多了点民族风。

图书在版编目(CIP)数据

最品位 最优雅：OL服饰搭配手典 / 秀秀编著. —成都：成都时代出版社，2009.9

ISBN 978-7-5464-0031-0

I. 最… II. 秀… III. 女性—服饰美学 IV. TS976.4

中国版本图书馆CIP数据核字(2009)第112996号

最品位 最优雅 OL服饰搭配手典

ZUIPINWEI ZUIYOUYA OLFUSHI DAPEI SHOUDIAN

秀秀 编著

出品人	秦 明
责任编辑	周 慧
责任校对	傅代彬
装帧设计	中映·良品 （0755）26740502
责任印制	莫晓涛
出版发行	成都传媒集团·成都时代出版社
电话	(028) 86619530（编辑部）
	(028) 86615250（发行部）
网址	www.chengdusd.com
印刷	深圳市华信图文印务有限公司
规格	889mm×1194mm 1/24
印张	5
字数	120千
版次	2009年9月第1版
印次	2009年9月第1次印刷
印数	1-15000
书号	ISBN 978-7-5464-0031-0
定价	26.00元